NACHRICHTEN VOM HOF V

Johannes F., Martina, Julia und Tobias Hartkemeyer

NACHRICHTEN VOM HOF V

Erdverbunden statt Bodenlos

CSA Hof Pente

INHALT

VORWORT

Bodenlos ist in unserer Alltagssprache etwas, das jeden Halt, jeden Maßstab, jede Orientierung verloren hat und mit Dummheit, Gemeinheit, Unverschämtheit… verbunden wird.

Geerdet oder bodenständig ist dagegen etwas, das bleibt, zuverlässig ist, Halt verleiht. Geerdet ist etwas, wo die Spannung gefahrlos entweichen kann. Denn sogar Blitze können sich im Boden ausgleichen.

Immer bodenloser wird auch die heutige Landwirtschaft, die sich „modern" nennt. Die Tiere in den Massenställen haben keinen Kontakt zum Boden in der freien Natur. Mist und Gülle werden immer mehr zum Entsorgungsproblem statt zu wertvollem Dünger. Das Verhältnis von Tier – Mensch - Boden entfremdet sich zunehmend. Großtechnik, Elektronik und Chemie schieben sich dazwischen. Das entspricht einer allgemeinen Tendenz in unserer Gesellschaft: Die Kapitalspekulationen haben keinerlei Bezug mehr zur realen Wirtschaft. Die Menschen laufen immer mehr aneinander vorbei ohne sich noch wahrzunehmen. Sie sind nicht mehr da, wo sie sind, sondern verlieren sich in einer virtuellen Welt über das Suchtmittel Multi-Funktions-Hand-Funkfernsprechgerät.

Eigentlich wissen wir, dass es der Boden ist, der uns trägt, der uns Nahrung gibt und der selbst lebt. Im Boden leben mehr Arten als über dem Boden. Allein die Anzahl von Mikroben in einer Hand voll Boden ist größer als die Zahl aller Menschen auf Erden. Letztlich sind wir alle Kinder der Erde, vergessen es nur manchmal.

Wir wissen nicht, was wir tun, wenn wir diesen Boden quälen mit immer schwereren Maschinen. Wenn wir ihn versiegeln durch Beton und Teer. Wenn wir ihn vergiften mit immer neuen radikalen Pestiziden.

Dieses Buch handelt vom bewussten Umgang mit der Erde, mit den Tieren und Pflanzen und der menschlichen Gemeinschaft, denen sie anvertraut sind. Neue spannende Erlebnisse und erstaunliche Erkenntnisse gibt es jeden Tag. Seit Jahren versuchen wir sie nach Möglichkeit immer bewusster wahrzunehmen und mit anderen Menschen zu teilen. Ein Ergebnis sind die Nachrichten vom Hof. Monatlich aufgeschrieben und im Jahreskreis gesammelt, sowie in diesem Buch ergänzt durch zusätzliche Bilder, Artikel und Materialien, wollen sie ein Bild geben von einem etwas anderen Leben auf dem Lande.

Wir freuen uns über die große Resonanz, welche unsere bisherigen Erfahrungsberichte hervorgerufen haben und die uns ermutigt, nun den fünften Band dieser Reihe vorzulegen.

Wir wünschen viel Lese- und Erkenntnisfreude mit diesem neuen Hand- und Mitdenkbuch.

Eure Familien Hartkemeyer

2016 AUF HOF PENTE

JANUAR

Die Fremden

Karlstadt: ... Wie heißt die Mehrzahl von fremd?

Valentin: Die Fremden.

Karlstadt: Jawohl, die Fremden. – Und aus was bestehen die Fremden?

Valentin: Aus „frem" und „den".

Karlstadt: Gut – und was ist ein Fremder?

Valentin: Fleisch, Gemüse, Obst, Mehlspeisen und so weiter.

Karlstadt: Nein, nein, nicht was er ißt, will ich wissen, sondern wie er ist.

Valentin: Ja, ein Fremder ist nicht immer ein Fremder.

Karlstadt: Wieso?

Valentin: Fremd ist der Fremde nur in der Fremde...

Karl Valentin und Liesl Karlstadt (1940)

Pünktlich zum Beginn des neuen Jahres hielt der Halbmond am östlichen Winterhimmel seine silberglänzende Lichtschale dem Morgenstern entgegen. - Da zerriss das Krachen der Böller und das Sausen und Heulen der Raketen die stille Nacht. Pfeifend surrten funkensprühende Lichterblitze, kreischende Farborgeln bereiteten ein höllisches Inferno.

Das Jungschwein Sigismund sprang vor Angst und Schrecken über den Elektrozaun in die Gemüsebeete. Die junge unerfahrene Friesin Bella Martine sauste vor

Aufregung mit dem wilden Blick des Fluchtinstinktes in ihrem Stall hin und her. Es dauerte, bis die ruhige Hand und das beruhigte Herz eine gemeinsame Blickrichtung in das explosionsartig beginnende neue Jahr ermöglichten.

Weihnachten ist schon vorbei gerast, aber die Kinder träumen noch von dem ruhigen, zeitvergessenden Grimmschen Märchenspiel am letzten Abholtag mit dem wunderschönen Lichttheater von Herrn Geiger. Für manche Menschen stellt sich vielleicht die Frage Why?Nachten, wie es die Österreichische Post auf ihrer neuesten Briefmarke formulierte. Aber brauchen wir nicht diese Momente des Innehaltens, der Besinnung, der Freude, der Hoffnung auf die verwandelnde Kraft des scheinbaren kindlichen Vertrauens auf das Gute in allen Menschen? Als Relikt des Festes springt nun ein lebenslustiger, kleiner schwarz-weißer Arno auf dem Hof herum, der schon sehnlichst auf die Bekanntschaft mit den Mitgliedern wartet. Julia und Tobias verpassten als gute Hirten unserer Schafherde einen zünftigen Klauenschnitt. Wobei sich Tobias dem heftigen Schuss einer heimtückischen Hexe erwehren musste.

Die Tage werden länger. Vor viereinhalb Milliarden Jahren dauerte ein Erdentag nur 6 Stunden. Vor 400 Millionen Jahren waren es schon 21 Stunden. Aber daran liegt es wohl nicht, dass uns der diesjährige Dezember frühlingshafte Temperaturen bescherte. Die Kartoffeln im Kartoffellager denken schon vorzeitig daran, frühzeitig Eltern zu werden. Unruhig schieben sie schon vorsichtig ihre neugierigen Keime durch die Schale. Sogar der Nordpol, der normalerweise um diese Zeit mit 50° minus in Eis erstarrt ist, taute auf. Ob die jüngste Weltklimakonferenz in Paris wirklich in der Lage war, den Ernst der Lage zu erkennen und in praktisches Tun zu verwandeln, bleibt nicht abzuwarten. „Learning by doing" statt „Learning by dying" ist angesagt.

Der Globus droht etwas aus dem Rhythmus zu geraten. Nun scheinen uns die Waisen aus dem Morgenland, die nicht nur dem dreizackigen Stern aus Untertürkheim folgen, zeigen zu wollen, wie es woanders um die Krippe bestellt ist. Vielleicht bringen sie das Gold der Erkenntnis mit, dass manches so nicht weitergeht. Unser Mitglied, der Arzt Paul Krause aus Bramsche, setzte die Sprache seines Gewissens in die Tat um. Zusammen mit einigen Freunden verwandelte er seinen VW Bulli in eine Feldküche und fuhr damit ins Niemandsland an die mazedonisch-griechische Grenze, mit der Absicht, Hungrige zu speisen. Aus seiner Familiengeschichte hat er erfahren, wie wichtig die menschliche Hilfe auf einer dramatischen Flucht sein kann.

In der Senioren-WG des Hühner Volkes haben sich zum Jahreswechsel wieder die Verhältnisse geklärt. Hahn Emil und die Diven sind heim ins Hühnerreich. Wahrscheinlich ist er über Ei-Phone vom zornigen Hahn Günther ultimativ zur Heimkehr aufgefordert worden, so dass sich Emil schleunigst auf den Ei-Patt gemacht hat, um zum Ei-Home zurückzukehren. Emil wurde mit seiner Frauschaft nachdrücklich zu Ordnung gerufen und da er keinen Stahlhelm trug, musste er einige Blessuren erleiden. Dafür aber stieg die Legeleistung (Ei-Weiss), vielleicht auch wegen der anstehenden Frühlingsgefühle, (Ei love you!), erheblich an.

„Kopf ab zum Gebet" - scheint das Motto und die Botschaft unserer saudischen Geschäftsfreunde zum neuen Jahr zu sein. Erst mal 47 Enthauptungen zum Jahresanfang. Boykottdrohungen der EU - Fehlanzeige! Da verlängern wir lieber die Sanktionen gegen Russland. Es freut sich die USA - der Bankrott unserer Bauern wegen des Exportstopps für Agrarprodukte ist ein zu vernachlässigender Kollateralschaden.

Nun geht die Bundesregierung in einer Art panischer Reaktion in die Falle des IS. Deutsche Tornados sollen im Nahen Osten über dem türkisch-syrischen Grenzgebiet Luftbild Aufklärung machen. Zufällig sind dort auch die Wohngebiete der Kurden, von denen noch viele von der Landwirtschaft leben und denen die türkische Regierung den Kampf angesagt hat. Die Luftbilder müssen natürlich dem türkischen Generalstab vorgelegt werden??! Unser NATO-Partner Erdogan ließ nicht nur kurdische Friedensdemonstranten zu Wahlkampfzwecken in die Luft sprengen, sondern er sorgte auch dafür, dass die IS durch den Verkauf ihres geklauten Erdöls richtig stark wird. Vorher aber lieferte Frau Von der Leyen den Kurden noch deutsche Maschinengewehre, um die Jesiden zu befreien, wozu sonst niemand den Mut hatte.

Blicken wir auf die „Erfolge" der Bundesluftwaffe im Jugoslawienkrieg zurück: In „mutig" sicherer Angriffshöhe verwechselten sie die Kochherde, welche die ausgebombten serbischen Bauernfamilien hinter ihre zerstörten Häuser gestellt hatten, um damit noch Mahlzeiten zubereiten zu können, mit Panzern. Die mussten natürlich sofort, einschließlich Mittagessen, durch Luft-Boden-Raketen in die Luft gesprengt werden. Der Spruch vom „Schuss in den Ofen" bekommt dadurch seinen UnSinn.

Da waren doch die US-Amerikaner in ihrer Zielbestimmung in diesem Krieg logischer. Das Traktorenwerk Torpedo, die Reifenfabrik Sava und eine ebenfalls kriegswichtige Zigarettenfabrik wurden vom Zielfindungskommando der US-Luftwaffe ausgewählt und bombardiert. Da haben bei Massey-Ferguson, GoodYear und Philip-Morris die Sektkorken geknallt. So gehörten auch wir plötzlich zum Kollateralschaden. Die Deutz-Traktorenwerke in Köln hatten den jugoslawischen Torpedowerken in Rijeka eine Lizenz für den Nachbau der 06/07 Schlepperreihen gegeben. Aus dem kaputten Werk gab es nun keine Ersatzteile mehr. Daher konnten wir unseren Torpedo Traktor nur noch zum Ausschlachten benutzen.

Statt im Syrienkrieg eine internationale Finanztransaktionssperre gegen den IS durchzusetzen, bombardiert die US-Luftwaffe heute die von der IS besetzten syrischen Ölförderanlagen. Da wird aber Dick Cheney - zu Bushs Zeiten Vizepräsident - zufrieden sein, dass die Aktien seines weltgrößten Ölförderanlagenkonzerns Halliburton wieder steigen.

Die Deutsche Bundeswehr hat kürzlich eine Peak Oil Studie erstellt, in der die dramatischen Folgen einer Ölzufuhrbegrenzung für die Nahrungsversorgung der Bevölkerung dargestellt werden. Wie krisenanfällig unsere am Öltropf hängende „moderne" Landwirtschaft ist, machte uns auch ein Gespräch mit dem Schweizer Militärattaché in Deutschland deutlich. Er zeigte ein ausgesprochenes Interesse am Modell der CSA mit ihrem ressourcenschonenden regionalen Konzept. Er wolle seinem Freund, Vizepräsident des Schweizer Bauernverbandes, empfehlen, unseren Betrieb zu besuchen.

Unsere Werkstatt ist derzeit voll im Betrieb, um Maschinen und Geräte für das kommende Frühjahr vorzubereiten. Das Lenkorbitrol des Güldner ist abgebrochen und muss in Stand gesetzt werden. Der Mähdrescher braucht Reinigung und Inspektion. Die Hydraulik des Porsche Diesel gibt keinen Mucks mehr von sich. Der IHC muss überholt werden.... . Im alten Japan hieß das Wort für Bauer „Hyakusho", = Verkörperung des Wesens von 100 verschiedenen Berufen.
Die Fütterung der Tiere ist derzeit etwas aufwändiger, weil die Flächen leichter vermatschen. Trotzdem glauben wir, dass die konsequente Freilandhaltung das Beste für unsere Tiere ist. Denn es kommt nicht nur auf die Versorgung mit irdischen Stoffen und Kräften an, sondern auch auf die direkte Begegnung mit den kosmischen Stoffen und Kräften wie Licht, Luft, Wärme, Kälte und sogar Niederschlägen. All das kann unmittelbar auf das Fell, die Haut, die Hörner, die Augen, die Ohren und die Nase wirken. Ganz abgesehen vom Bewegungstraining und seiner belebenden Wirkung auf Körper und Gesundheit.

Im Januar präsentiert sich die deutsche Landwirtschaft wieder von ihren verschiedenen Seiten. Auf der Grünen Woche, der größten europäischen Ernährungsschau und der Demo „Wir haben es satt". Während die Agrarindustrie sonst die angeblich romantischen Vorstellungen der Umweltschützer bezüglich Tierhaltung und moderner Agrarproduktion geißelt, sieht sie sich dort selbst gezwungen, den Besuchern eine heile Welt im Stall vorzugaukeln. Der Journalist Manfred Kriener formulierte es so: „Mit Kälbchen Peter im sonnengelben Strohbett und

mit Lämmern und Zicklein an Mamas Eutermilchbar zeigen Organisatoren und Besucher, wenn auch unbewusst, dass sie die Ziele der Bauern-Opposition für eine bessere Tierhaltung anerkennen. Sie zeigen, wie es sein sollte. Sie werden damit wider Willen zum Botschafter einer anderen Landwirtschaft, denn die Realität - von der Antibiotikaspritze bis zu Küken-Schreddermaschine - müssen sie schamhaft verbergen. Sie sind in der Defensive."
Wenn das so wäre! Zwar ist auch Tobias eingeladen, auf der Grünen Woche in Berlin einen Stand zum Thema CSA zu betreuen. Aber auch die großen Konzerne haben dieses Thema aufs Korn genommen. Die Bäuerin Judith Hitchman, Vertreterin des internationalen CSA-Netzwerkes bei der FAO (Food and Agriculture Organization) der Vereinten

Nationen, stellte auf der CSA Konferenz in China folgendes fest: Aufgrund der wachsenden Bedeutung des CSA-Ansatzes, als neues Bündnis zwischen Bauern und Verbrauchern, sei diese Organisationsform ins Visier der Lobbyisten der internationalen Lebensmittel- und Handelskonzerne geraten. Sie versuchten nun über ihren Einfluss auf die künftigen Freihandelsabkommen wie TTIP, diese Form solidarischen Wirtschaftens in die Illegalität zu treiben, in dem sie diese als Handelshemmnis darstellten. Obama will im Frühjahr persönlich zur Hannover-Messe kommen, um für die Durchsetzung von TTIP zu werben.
Deshalb: Auf zur Demo am 16. Januar nach Berlin „ Wir haben es satt!"
Wir wünschen euch allen ein frohes glückliches und gesundes neues Jahr!
Euer Team
vom CSA Hof Pente

FEBRUAR

> „In deinem Leben ist noch
> eine wundervolle Überraschung verborgen,"
> so sprach der Schmetterling zur Raupe.
> Und die Raupe tippte sich an die Stirn:
> „Ach, lass mich doch in Ruhe
> mit deinen aufmunternden Sprüchen!"

Wolkengraue Windigkeit durchfeuchtet den niedrig schwebenden Winterhorizont. Stiefel schmatzen in Garten und Acker. Zusammengezogene Schultern scheuen ungemütliche Gänsehaut. Warmes Licht lockt zum leckeren warmen Mahle aus dem dunkel-feuchten Feierabendhimmel. Das wolkig schneiende Winterwetter schien Angst vor seinem Durchbruch zu haben. (Welche Strafe gibt es eigentlich für einen zünftigen WinterEinbruch?) Aber dann führte uns der Wettergott doch noch aufs Glatteis und versteckte heimtückisches Schlittereis unter kalten Wasserpfützen. Er überredete auch die Gewächshaustüren, sich der Öffnung zu verweigern. Am Dreikönigstag wurde unter Anleitung von Andrea das Dreikönigspräparat aus Weihrauch, Gold und Myrrhe an den Grenzen unseres Betriebes ausgebracht. Es hatte einen sofortigen, unmittelbaren, positiven Effekt: Die lang vermisste schöne Motorverkleidung unseres Kramer 1014 wurde unversehrt wiedergefunden.
Im Winter ist auch die Zeit, sich gemeinsam mit den Grundlagen und Eigenschaften des landwirtschaftlichen Betriebes (Hofesindividualität), den Beziehungen innerhalb des Betriebes (Hoforganismus) sowie dem Wirken der Elemente in Boden und Kosmos zu befassen. So geht es zum Beispiel in der biologisch-dynamischen Landwirtschaft nicht nur darum, die stofflichen Eigenschaften der chemischen Elemente zu erfassen, sondern auch deren Wirkungen als Lebensträ-

ger, Formbildner und Ausdruck von kosmischen Kräften. Als in-Form-gehen eines geistigen Prozesses -- InForm-ation. Sauerstoff, Wasserstoff, Kohlenstoff, Stickstoff und Schwefel werden damit in diesem Bilde zu Trägern des Geistes.

- Sauerstoff trägt die Wirkungen des Lebendigen in den physischen Körper.
- Kohlenstoff ist der Träger aller Gestaltungsprozesse in der Natur. Er bildet aus der Vorstellungswelt plastische Formen.
- Der Stickstoff leitet das Leben in die Formen hinein, die vom Kohlenstoff verkörpert sind. Er verbindet also das Geistige mit der vom Kohlenstoff gebildeten Form.
- Der Schwefel ist der Vermittler der geistigen Welt mit der physischen als Träger des geistigen Prinzips.
- Der Wasserstoff hebt die gestalteten materiellen Prozesse auf eine höhere Ebene und löst sie letztlich wieder auf.

Mit diesen Charakterisierungen von Rudolf Steiner im landwirtschaftlichen Kurs geht es in erster Linie um das Eiweiß als Träger der Lebenskräfte. Aber diese Eigenschaften der Stoffe finden wir nicht nur innerhalb des lebenden Organismus. Die Stoffe können auch in der unbelebten Natur ihre spezifische Charakteristik entfalten. Denken wir zum Beispiel nur an die zunehmende Rolle des Kohlenstoffs in den Formprozessen der Industrie, wo er Metall ersetzt (Pkw).
In der biologisch-dynamischen Landwirtschaft geht es also nicht darum, tote Maximierungs-Rezepte der chemischen Industrie anzuwenden, sondern mit diesen Stoffen, die ja eine notwendige Voraussetzung für das Lebensgeschehen sind, so bewusst umzugehen, dass sie wirklich Träger eines geistigen Prinzips werden können.

Jetzt müssen wir uns schon auf die neue Kartoffelsaison einstellen. Sieglinde, die Frühkartoffel, ist bereits bestellt und wird in den Vorkeimkisten vorsichtig auf ihre neue Lebensaufgabe vorbereitet. Im letzten Jahr haben wir bereits in der letzten Februarwoche die Frühkartoffeln gepflanzt. Für die Lagerkartoffeln sortieren wir die besten Linda-Eltern aus der üppigen Vorjahresernte heraus. Etwa 2000 kg sind erforderlich. Die Geschmacksqualität unserer Kartoffeln scheint sich allmählich international herumzusprechen. Unser Frank hat seinem Bruder, der in England wohnt, einige Kilo zukommen lassen. Dieser teilte das Geschmackserlebnis mit seinen Nachbarn und Freunden. Umgehend orderten sie 1000 kg aus unserem Schweinekartoffelvorrat. Die Schweine haben übrigens mit schmatzendem Genuss ihre ersten Kartoffelportionen degustiert. Vor Begeisterung veranstalteten sie in der Schmöttke ein „Dirty Dancing".

Unsere Rinder haben scheinbar ihre, von der Öffentlichkeit zugewiesene, Rolle als Klimasünderinnen durch Methangasrülpser so ernst genommen, dass sie offenbar den steigenden Kohlendioxidanteil der Atmosphäre durch verstärkten Verzehr von Kohlenhydraten ausgleichen wollen. Oder sie sind auf den Zeitgeist abgefahren, der auf die „High Carb Diet" als letztem Schrei der Ernährungskultur abfährt. Jedenfalls verweigern sie sich derzeit der saftigen Kräutergras Silage und dem lecker duftenden Kleegrasheu und fressen wie verrückt ihr Einstreustroh.

Auch die Maulwürfe bekommen ihre ersten Frühlingsgefühle. In rasender Geschwindigkeit bauen sie ihre unterirdischen Strecken und U-Bahnhöfe, mit der sie Stuttgart 21 alt aussehen lassen. Wir haben schon überlegt, ob wir ihre Hyperaktivität nicht mit Ritalin bremsen können. Maulwurf Grabowski hat sich mal wieder selbst übertroffen und versucht, die Johannisbeersträucher in eine unterirdisch zu erntende Anlage umzuwandeln, wenn ihm nicht Einhalt geboten wird.

In der Werkstatt herrscht derzeit pure action, damit die Geräte auf die Frühjahrsarbeit vorbereitet werden. Um das Ordnungssystem für die vielen fleißigen Hände überschaubar zu halten, haben wir die Scharia eingeführt (Rechts- und Strafsystem). Die erste Fatwa (Lehrschreiben und Verhaltensmaßregel) ist veröffentlicht. Aber insgesamt wird es noch einen Dschihad (große Anstrengung) erfordern.

Wir wissen nicht, ob das Glück der Erde auf dem Rücken der Pferde liegt. Wir wissen aber, dass die Idee „Pferd" ein Ergebnis der biologischen Intelligenz des Kosmos ist. Pferde sind seit Jahrtausenden mit der Arbeit des Bauern verbunden.

Einige Vorteile der Pferdearbeit sind auch heute noch unschlagbar.

- Kein Lärm - fast lautlos gleiten die Tiere über den Acker.

- Kein Abgas - das macht sich insbesondere im Gewächshaus lungenschonend bemerkbar.

- Kein Erdölverbrauch - der Treibstoff (Gras, Heu) kann im eigenen Betriebsorganismus erzeugt werden. Das treibt allerdings die Ölscheichs zur Verzweiflung.

- Kein Traktorkauf – die „Herstellung" des Pferdes kann regenerativ über den Nachwuchs auf dem Hof erfolgen.

- Kein Startproblem bei Zündschlüsselverlust.

- Kein schädlicher Bodendruck - schont das Bodenleben. Verhindert Verdichtungen im Untergrund.

Denn: „Da ist der Wurm drin!"

Pferdearbeit bedeutet aber auch einen qualitativ anderen Umgang mit Zeit. Die Frage ist, wie kann man sie genießen. Time is Honey.

Pferde sind Lebewesen, keine technischen Monster. Sie können nicht einfach an- und abgestellt werden. Sie erfordern Zuwendung, gemeinsames Lernen und Beziehungspflege. Und für manche Funktionen, wie Ladetechnik und Antriebstechnik, müssen neue Lösungen gefunden werden. Am 23. Februar wollen wir mit Klaus Strüber, einem erfahrenen Praktiker, der auf dem CSA Hof Hollergraben mit Pferdetechnik arbeitet, überlegen, ob diese Wirtschaftsweise auch für uns geeignet sein könnte. Interessierte Mitglieder sind herzlich willkommen.

Die Veranstaltung zum Thema Glyphosat in der Deutschen Bundesstiftung Umwelt (DBU) Osnabrück, mit Frau Professor Dr. Monika Krüger machte wieder einmal deutlich, wie verantwortungslos der Umgang und der Einsatz von diesem gefährlichen Agrargift ist. Einige unserer Mitglieder hatten eine Blutuntersuchung zu ihrer eigenen Glyphosat-Belastung gemacht. Es zeigt sich, dass diese Belastung auch nach der Umstellung auf biologisch dynamische Ernährung noch lange anhält. Frau Professor Krüger wies darauf hin, dass man durch zusätzliche Einnahme von unbelastetem Sauerkrautsaft, Heilerde und unbelasteten Nüssen den Ausleitungsprozess beschleunigen könne.

Auch der Einsatz von Antibiotika in der Tierhaltung ist immer noch erschreckend, genauso wie die Verharmlosungsstrategie der Massentierhaltungslobbyisten. Der niedersächsische Landwirtschaftsminister Meyer wies darauf hin, dass der spezifische Einsatz von Reserveantibiotika aus der Humanmedizin in der Tierhaltung nicht mehr zulässig sein sollte. Sein Gegenspieler Osterhellweg, agrarpolitische Sprecher der CDU Landtagsfraktion, bezeichnete dies als Panikmache.

Andererseits kann der Umgang mit Tieren auf dem Bauernhof - mit einer vernünftigen Haltung - für Kinder durchaus gesundheitsfördernd sein. Laut einer Studie kann der frühe Kontakt zu Tieren das Asthmarisiko bei Kindern um 52 % senken! Massentierhaltung aber trainiert nicht, sondern überfordert das Immunsystem.

Julia sorgte auf der großen Kundgebung in Berlin „Wir haben es satt" anlässlich der Grünen Woche für eine jugendliche Repräsentanz unseres Hofes. Mit allen vier Kindern demonstrierte sie gegen die derzeitige fatale Richtung der Agrarpolitik und das massenhafte Höfesterben.
Ein Bekannter von uns erzählte von seinem bäuerlichen Nachbarn, der sich in der Wachstumssackgasse verheddert hatte und angesichts des Preisverfalls keinen Ausweg mehr wusste. Zwischen Weihnachten und Neujahr setzte er seinem Leben ein Ende und hinterließ eine Restfamilie mit fünf Kindern.
Warum fühlen sich heute viele Bauern als hilfloser Spielball im Marktgeschehen? Sie werden einerseits auf Export getrimmt und müssen andererseits die Folgen politischen Schwachsinns ausbaden. So führte zum Beispiel der Russlandboykott bei Obst, Fleisch und zum Teil auch Milch zu Preiseinbußen von über 30 %. Wenn das Mengenangebot zum Beispiel auch nur um ein Prozent höher ist als die Nachfrage, kann der Preis durchaus um 30 % sinken. Man nennt das eine hohe Preiselastizität des Angebots. Da die Bauern aber, aufgrund ihres zersplitterten Angebots gegenüber dem Handel keine Marktmacht haben, verhalten sie sich scheinbar irrational. Denn solange sie bei 1 l Milch auch nur um ein Zehntel

Cent über der Kostendeckung liegen, weiten sie ihre Produktion aus, in der Hoffnung, ihr Einkommen einigermaßen halten zu können. Weil sich die meisten so verhalten, führt das im Ergebnis zu einer Preiskatastrophe und hohen Verlusten. Hier spricht man nüchtern von einer negativen Preiselastizität des Angebots. Die Nachfrage bei Milch wächst dagegen auch bei einem stark gesunkenen Verkaufspreis kaum. Die Preiselastizität der Nachfrage ist also gering.
Die Medien liefern derweil eine schizophrene Berichterstattung. Die Wirtschaftsverbände und der zuständige Bundesminister Gabriel befürchten angesichts zunehmender Grenzkontrollen eine verstärkte Regionalisierung und ein damit reduziertes Verkehrsaufkommen. Große Katastrophe? Dagegen forderte die Weltklimakonferenz angesichts der dramatischen Umweltsituation als wesentlichen Rettungsweg ein reduziertes Transportaufkommen und eine verstärkte Regionalisierung. Ob die Politiker auch nur im Ansatz begreifen, was sie beschlossen haben, bleibt fraglich. Darüber hinaus wissen wir, dass der Export unserer subventionierten Überschüsse in vielen afrikanischen Ländern die dortige bäuerliche Landwirtschaft zerstört und damit eine wesentliche Fluchtursache ist.

Julia und Tobias hatten auf der diesjährigen Grünen Woche in Berlin am Informationsstand der Bundesanstalt für Landwirtschaft und Ernährung (BLE) Gelegenheit, mit vielen Besuchern über den völlig anderen Ansatz der CSA zu sprechen, bei dem die Bürger selbst Verantwortung für die Agrar- und Umweltpolitik übernehmen und es nicht länger um Gewinnmaximierung geht. Unter anderem war der Agrarausschuss des Bundestages bei ihnen zu Gast. Das Interesse war enorm.

Herzliche Grüße
Euer Team
vom CSA-Hof Pente

MÄRZ

Achte gut auf diesen Tag.
Denn er ist das Leben —
das Leben allen Lebens.
In seinem kurzen Ablauf
liegt alle Wirklichkeit und Wahrheit des Daseins,
die Wonne des Wachsens,
die Größe der Tat,
die Herrlichkeit der Kraft.
Denn das Gestern ist nichts als ein Traum
und das Morgen nur eine Vision.
Das Heute jedoch, recht gelebt,
macht jedes Gestern zu einem Traum voller Glück
und jedes Morgen zu einer Vision voller Hoffnung.
Drum achte gut auf diesen Tag.

Dschalal ad-Din Muhammad Rumi (1207-1273)

Leicht verwaschen hängt der lichtblaue Vorfrühlingshimmel an der windigen Wäscheleine und trocknet. Fetzige Wattebauschwolken zerren an den dürren schwarzen Zweigen der Büsche und Bäume. Glitzernde Lichtschlieren werfen ihre Regenbogenfunken auf den empfängnisbereiten Acker. Neue frische Töne strahlen den Klang der Sonne ins sphärische Frühlingsvorfreudenfest. Überall lugt und krabbelt das wartende neue Leben unter und über der Haut in den Knospen und Bäuchen der schwangeren Mutter Erde. Das Matschu Pitschu des Gartenbodens gönnt sich eine zarte Kruste, um ihre neuen Pflanzenkinder aufnehmen zu können.

Am Valentinstag erblickte die zarte Sophia das Licht unseres Planeten. Die glücklichen Eltern Johanna und unser Azubi Paul lassen ihren recht früh ans Licht der Welt gekommenen Nachwuchs noch ein wenig im Gesundheitshaus verwöhnen.

Im Februar purzelte eine bunte Schar von Wollknäulen im Einer- Zweier- und Dreierpack auf die noch kühle Kleegrasweide. Unser neuer Schwarzkopfbock hat offensichtlich für eine neue Multikulti Farbenvielfalt gesorgt. Die Hofeskinderschar sah sich wieder in der Pflicht, zwei verwaiste Lämmchen in ihre Obhut zu nehmen und mehrmals am Tag mit warmer Milch zu trösten.
Auch die schwere Lu gebar ihren schweinischen Nachwuchs; ein Knäuel von schwarzgefleckten Borstenkindern drängt sich angesichts der kalten Nächte wärmesuchend an den warmen Mutterbauch.

Die Hähne Emil und Günter haben schwer mit der Integrationsproblematik zu kämpfen. 20 neue Nachwuchs Junghennen, etwa 10 % des Volkes, müssen sie friedlich aufnehmen. Das wären auf den bundesdeutschen Zuzug bezogen etwa 8 Millionen NeubürgerInnen. Eine Hühner PEGIDA (Perverse Eierlegerinnen Gegen Integration Der Außenseiterinnen) Demonstration aber hat es bislang noch nicht gegeben. Obwohl, ein gewisses Gegacker „Lü-gen-pres-se" in Richtung Blödzeitung ist nicht völlig auszuschließen.

Unsere Stute Bella Martine darf sich nun endlich mit dem feurig-braven schwarzen Diego trösten. Der edle Hengst wäre bei seiner Wallachverwandlung fast in die ewigen Jagdgründe eingegangen. Er konnte so gerade noch auf der Intensivstation der Pferdeklinik gerettet werden. Der drollige kleine Pensions-Shetty Jelle musste dafür unter den Tränen der Kinder seine Heimreise antreten. Nun lassen sie ihre Fantasie spielen und entfalten durch neue Geschäfts- und Marketingideen ihre unternehmerischen Qualitäten. Dieses neue Rundum-Service-„start-up"-Projekt soll das Sparschwein füllen, um doch aus eigener Kraft den Hofpony-Entzug durch Eigeninitiative zu überwinden. Denn: „Streichelzoo macht Kinder froh und Erwachsene ebenso."

Das ungewöhnlich warme Dezemberwetter hat unsere Bienen völlig durcheinandergebracht. In verkannter Frühlingsstimmung setzten sie schon vorzeitig Brut an. Die meiste Zuckerenergie ist mittlerweile schon für den Nachwuchs verbraucht. Ihren Abfall konnten sie aufgrund der dann gefallenen Temperaturen nicht mehr durch Reinigungsflüge entsorgen. Pollen und Blütennahrung fehlen noch. In einigen Völkern droht ein Desaster.

Da sitzen wir nun mal mit den Bienenvölkchen - im gleichen Raumschiff Erde - aber begreifen dies nicht. Fast bei jedem neuen Desaster hören wir von Politik und Medien „Das haben wir nicht vorausgesehen". Egal ob es um eine neue Seuche, den Klimawandel oder das Flüchtlingsproblem geht. Kann man das wirklich nicht? Wie dick und doof muss die Irrsinnsbrille sein, die das klare Denken verkleistert?

Ich (Johannes) erinnere mich noch gut an ein intensives Gespräch mit dem Landwirtschafts- und Umweltminister Brasiliens José Lutzenberger am 1. Jahrestag seines Rücktritts im Jahre 1994 auf seinem Bildungsbauernhof Rincao Gaia, Rio Grande do Sul. Sieben Krisen sah er auf die Menschheit zukommen:

1.   „Eine unvorstellbare Menge Finanzkapital umschwirrt auf der Suche nach höchstem Profit den Globus. Das hat nichts mehr mit realen Werten zu tun und wird daher unweigerlich zu einer platzenden Blase führen." 2008 war es soweit. Die große Bankenkrise wurde von der Politik genutzt, um den Steuerzahlern das Geld aus der Tasche zu ziehen und es den Finanzspekulanten als Belohnung für ihre gierigen Zockereien zu überweisen. (Vor 10 Jahren besaßen die ärmeren 50% der Bundesdeutschen noch 3% des Volksvermögens. Heute sind es nur noch 1%.) In unserem Vorbild USA besitzen 0,1% der Bürger bereits über 90%. Eine neue Finanzblase wächst und wartet auf den Moment der unkontrollierten Explosion.

2.   „Die großen Seuchen werden wiederkommen. Wir reisen sinnlos um den Globus. Wir schicken Pflanzen, Tiere und Lebensmittel von Kontinent zu Kontinent. Dafür aber ist unser Immunsystem nicht ausgelegt. Und durch den Antibiotikamissbrauch züchten wir so viele Resistenzbildungen, dass unsere Ärzte bald hilflos ins medizinische Mittelalter geraten, wo bereits kleinste Verletzungen tödlich enden können. Stellen Sie sich vor, dass Aids den gleichen Übertragungsweg wie das Grippevirus hätte. Die Menschheit wäre schon fast ausgestorben." Heute entstehen mit Ebola, Zika, MRSA, Vogelgrippe… täglich neue medizinische Herausforderungen, die uns an Grenzen führen.

3.   „Der ungebremste Energie- und Ressourcenverbrauch wird neue kriegerische Auseinandersetzungen zur Folge haben. Wir verhalten uns wie Bankräuber, die mit immer stärkeren Schweißbrennern versuchen, die Grenzen der Natur zu knacken und deren Schätze rücksichtslos zu plündern." Fracking, Golfkriege, Bürgerkrieg um Seltene Erden im Kongo… folgten.

4.   „Der Klimawandel wird kommen. Vielleicht nicht einmal so wie wir ihn erwarten. Wenn der Golfstrom, der sich bereits verlangsamt, ausbleibt, haben wir in ganz Europa eine neue große Eiszeit. Und das kann bereits relativ schnell geschehen." Werden wir dann nach Afghanistan flüchten können?

5.   „Eine neue Art von Terrorismus wird entstehen. Ich war selbst im Ausschuss für die staatliche Krisensicherung verantwortlich. Ich weiß, dass es relativ leicht ist, unsere zentralisierte Gesellschaft an einigen zentralen Schwerpunkten ins Chaos zu stürzen (Gift in Wasserwerken, Destabilisierung von Kraftwerken etc.). Es folgte der 11. September und seine Folgen wirken bis heute.

6.   „Eine Ernährungskrise kündigt sich an. Die Landwirtschaft ist heute wesentlich instabiler als 1945. Sie ist auf enormen Einsatz von Transporten, Energie und anderen Ressourcen angewiesen und wird bei Ausfall von Versorgungsinfrastrukturen und anderen zentralen Steuerungsmechanismen selbst zum Katastrophenfall." Der im Auftrag der Weltbank erstellte Welt Agrarbericht gipfelt in der Feststellung, dass eine weitere Industrialisierung und Monopolisierung der Landwirtschaft keine Alternative ist. Trotzdem wird genauso weiter gemacht und den

Agrarkonzernen sowie durch Landgrabbing den Finanzinvestoren in die Hände gespielt. Strukturwandel nennt man das.

7. „Wir werden eine neue Völkerwanderung erleben. Die jungen Menschen in anderen Ländern werden doch nicht freiwillig in ihre Gräber steigen, wenn sie mitbekommen, wie andere in den Wohlstandsinseln dieser Welt prassen. Da werden keine Grenzen helfen." Wir machen weiter wie bisher mit ungerechten Handelsverträgen wie TTIP, Ausplünderung anderer Länder und Stellvertreterkriegen und beginnen erst, uns erstaunt die Augen zu reiben, wenn diese Menschen plötzlich vor unserer Tür stehen.

Welche Verdrängungsleistungen waren erforderlich, um diese Offensichtlichkeiten nicht sehen zu wollen?

Während des Gesprächs schob Lutzenberger langsam ein Lineal Stück für Stück über den Tisch in Richtung Kante…platsch… es landete plötzlich (?) und unerwartet (?) auf dem Boden. „Man kann die Natur eine Zeit lang vergewaltigen. Sie ist erstaunlich stabil und leidensfähig. Es passiert zunächst scheinbar nichts. Wie bei einem Seil, in dem langsam Faden für Faden reißt. Man gibt sich der Illusion hin, man könne einfach so weitermachen. Man nennt es Resilienz. Aber irgendwann gibt es einen Umkippeffekt. Dann ist es in der Regel zu spät, um die Katastrophe noch aufzuhalten."

Wie heißt es so schön: „Die Intelligenz verfolgt mich, aber ich bin schneller."

Aber man kann von jedem Mist auch noch profitieren. Hier ein kleiner Tipp für unsere Mitglieder. Als ich wegen einer kleinen Irritation meines Zentralorgans plötzlich ins Krankenhaus musste, (man befindet sich ja immer wieder im Stress bei der Überlegung, ob sich jemand, der sich im Ruhestand befindet nachts hinlegen darf) wurde ich gefragt, ob ich beruflich mit Tieren zu tun hätte. Eine positive Antwort erhöhte schlagartig die Chancen auf ein Einzelzimmer. MRSA lässt

grüßen, auch an die Mitbäuerinnen und Mitbauern der CSA.

Es ist immer wieder ermutigend zu erleben, wie unsere Mitglieder mitwirken, die Welt ins Gleichgewicht zu bringen, - damit man sich nicht zu stark auf belastende Bilder konzentriert, wie von dem WahnsinnsTrumpeter, der vor den einstürzenden Mauern der Vernunft von Jericho seine sch ägen Töne bläst, um die Stadt dem Erdboden gleichzumachen. Unser Mitglied Detlev baute an einem Abholtag mit den Kindern zehn Vogelhäuschen. Die Sozialwohnungen sollen dazu dienen, junge Vogelfamilien zu Jägern zu machen, welche die Lufthoheit der guten Insekten über unseren Gartenbeeten sichern zu helfen. Wer wird nun der neue WürgerKing?

Wir freuen uns über die hoffnungsfrohe und stürmische Entwicklung der Projek-

te unserer CSA Freunde in Brasilien, wie sich beim jüngsten Kongress vom 29. bis 31. Januar 2016 bei Demetria in Botucatu im Bundesstaat Sao Paulo gezeigt hat! Demetria ist eine Gemeinschaft von neun CSA Höfen mit insgesamt 300 ha Fläche. Auch eine Bildungseinrichtung nach dem Prinzip der Handlungspädagogik ist geplant. Eine Biokneipe mit dem typisch brasilianischen Namen „Stammtisch" darf natürlich nicht fehlen.

Wem gehört das Land? Am 18. April um 20:00 Uhr auf Hof Pente wird die Abgeordnete des Europaparlamentes, Maria Heubuch, die gleichzeitig Milchbäuerin ist und im Vorstand der Arbeitsgemeinschaft bäuerliche Landwirtschaft (AbL) wirkt, zu diesem Thema Hintergrundinformationen liefern. Es geht um die Frage, inwieweit Bauernhöfe sich angesichts der steigenden Bodenspekulation und des zunehmenden Landgrabbing heute noch entwickeln können.

Herzliche Vorfrühlingsgrüße
Euer Team vom CSA Hof Pente

APRIL

Wage deinen Kopf an den Gedanken, den noch keiner dachte.
Wage deinen Schritt auf die Straße, die noch niemand ging, auf
dass der Mensch sich selber schaffe
und nicht gemacht werde von irgendwem oder irgendwas.

Friedrich Schiller

Anfang März hat der griesgraue Winter noch einmal voller Ingrimm seine eiskalten Zähne in den harten Boden geschlagen. Nur langsam verlor er seine überspannten Muskelkräfte angesichts der freundlich lächelnden Frühlingssonne und ließ sein fast erstarrtes Opfer los. Tulpen und Narzissen zaubern nun rote und gelbe Augenverweilpunkte ins grüner werdende Gras. Überall im Garten bewegen sich emsige Menschen, Tiere und Pflanzen, um ihrer Frühlingsbestimmung nachzugehen. Vorsichtig tastet sich der Regenwurm Millimeter für Millimeter aus dem Untergrund, um zu erfühlen, ob die Bodentemperatur schon seine Mitarbeit ermöglicht. Merke: Der Regenwurm ist immer der Gärtner.

Die uralte Accord Pflanzmaschine wurde in den Winterwochen von Helmut und Simon in einen Zustand gebracht, der die Augen des Direktors vom technikgeschichtlichen Deutschen Museum in München vor Begeisterung zum Leuchten bringen könnte. Das erste deutsch-jüdische Freundschaftsgemüse (Kohlrabbi) arbeitet schon im großen Gewächshaus an seinen fetten Bäuchen, um den Speiseplan unserer Mitglieder zu bereichern. Der Winterfrost hat aber dazu geführt, dass wir den Rekord der Kartoffelpflanzzeit (letztes Jahr Ende Februar) in diesem Jahr nicht brechen konnten. Geduldig mussten die Frühkartoffeln in ihren Vorkeimkisten warten und steckten neugierig ihre weißbunten Keime aus den verschlafenen Winteraugen. Dennoch haben wir immer noch einen guten Vorrat leckerster Lagerkartoffeln. Unsere Hedwig zauberte daraus kürzlich für die Hofesleute ein Gebirge köstlichster Reibeplätzchen. Angesichts dieser fast sündhaften Verführungskraft hätte selbst Eva im Paradies vor Neid ihr Äpfelchen weggeworfen und bei Adam ziemlich alt ausgesehen. Deshalb liebe Mitglieder, lasst die Kartoffelphantasie walten! Es gibt ja nicht nur Kartoffelbrei mit Stampfkartoffeln und Kartoffelpüree, sondern auch Bratkartoffeln, Rösti, Kartoffelpuffer, Kartoffelbrot, Kartoffelsalat….

Unsere Hühner haben sich in diesem Jahr besonders intensiv auf das Osterfest vorbereitet. Die Hähne der Junghennen des großen Mobils, Emil und Günter, provozierten die Hähne Gerd und Volker vom Seniorenheim in leichtsinniger Weise zu einer rekordverdächtigen Eierwette durch lautstarkes Gekrähe von: „Wir sind das Volk!"
Mit vor stolz geschwellter Brust und gestreckter Kralle brüllte der Seniorenchef zurück: „Ich bin Volker!" „Volker hört die Signale" und „Wir schaffen das". Denn die jungen Hähne hatten in ihrem Übermut wohl nicht mitbekommen, dass die Althennen zwischenzeitlich in ihrem geheimen Regenerationszentrum ihre Mauser überwunden, sowie durch intensivstes Wintertraining und mit einem komplett neuen Federkleid sich so in Form gebracht haben, dass ihre Legeleistung inzwischen bei über 80 % liegt. Mit allen (auch unfairen) Mitteln wollten Emil und Günther das Blatt noch wenden. Zunächst versuchten sie die beiden Althähne nach dem Motto „vier sind das Volk" aus der Volkssolidarität herauszubrechen. Vergeblich. Dann bestachen sie den Volksosterhasen Winterkorn, der schon den Wolf in seiner Burg hinters Licht geführt hatte, die Stromversorgung zur Beleuchtung des Seniorenmobils durchzunagen. Er schaffte es, weil er in Elektronikfälschung schon erfahren war, tatsächlich einen Kurzschluß herzustellen. Dabei hatte er aber

Jürgens kriminalistischen Spürsinn völlig unterschätzt. Zur Rede gestellt: „Mein Name ist Hase, ich weiß von nichts".

Selbst der Versuch eines irregeleiteten islamistischen Beistandshuhns half den Halbstarken nicht weiter (Sie kamen nur auf 79 % und das bei kleineren Eiern). Eine Junghenne hatte sich nämlich in einem Anfall ideologischer Verwirrung einen superlangen halbmondförmigen Oberschnabel wachsen lassen, welcher dem Krummschwert Mohammeds glich. In einer Spezialoperation „Schnabeliküre" haben wir zunächst vergeblich versucht, sie zu ihrem eigenen Vorteil mithilfe von Nagelschere und Lötkolben zu entwaffnen. Schließlich halfen nur noch Spezialzange und Schleifmaschine in der Werkstatt, um sie wieder in die Lage zu versetzen, Nahrung unverkrampft aufpicken zu können.

Als Ergebnis sind wir in der Lage, ohne Hasenunterstützung zu Ostern unseren Mitgliedern eine große Menge von Fruchtbarkeitssymbolen zur Verfügung zu stellen. In alter Zeit galt das Ei als Symbol für den Ursprung des Menschen, ja des ganzen Universums. Als Sinnbild von Leben und Auferstehung wurde es sogar den Toten ins Grab gelegt. Aber es wurde auch in der Fastenzeit gesammelt und dem Grundherrn zu Ostern als Pacht, Zins oder Zehnt abgeliefert. Die Würde des Ostersymbols erlangte es durch seine Form (ohne Anfang und Ende) und seinen Inhalt (Transformation durch den Keim neuen Lebens), welches gleichzeitig Ewigkeit und Auferstehung bedeuten konnte.

So kommen wir zu der völlig überraschenden Feststellung, dass der Osterhase keine Eier legt. Er kam zu seiner Osterehre, weil er als Mondtier gilt, denn das Osterfest wird immer am ersten Sonntag des Frühlingsvollmondes gefeiert. Außerdem ist der Hase als ein außerordentlich fruchtbares Tier. (Vor zuviel Rammelei hat allerdings erst kürzlich Papst Franziskus gewarnt.) Der Hase war deshalb auch der Bote der germanischen Frühlings- und Fruchtbarkeitsgöttin Ostara. Wir haben nicht nur den Namen Ostern von den Germanen geklaut, sondern auch den Hasen: Byzanz, das spätere Konstantinopel und heutige Istanbul, war von 565 bis 1453 Uhr neben Rom das zweite christliche Zentrum der Welt. Dort galt der Hase als Symbol für Christus.

Unser Osterfeuer stammt wohl von den Kelten. Es sollte die Sonne überreden, nach dem langen Winter endlich etwas flotter auf die Erde herabzusteigen, um Fruchtbarkeit, Wachstum und Ernte zu sichern. Auch die Osterkerze steht für den Sieg über den Winter und das Erwachen nach einer langen, kalten, dunklen Zeit und verweist auf die Auferstehung Jesu, der als das Licht der Welt die Finsternis überwindet. Im alten Rom sollten bereits die Vestalinnen (sechs Priesterinnen der Vesta) dafür sorgen, dass das heilige Feuer niemals ausging. So findet denn schließlich die keltische, griechische, jüdische, römische und christliche Lichttradition eine leuchtende Symbiose auf unserem Hof.

Unsere süßen Lämmchen haben natürlich auch ihre Osterbedeutung. Nicht nur Moses nahm als Opferlamm den Widder. Das Lamm Gottes steht auch für die Auferstehung von Jesus Christus. Am jüdischen Passahfest, der Zeit von Abendmahl und Kreuzigung, wurden die Opferlämmer geschlachtet. Nicht nur für Vegetarier ist das Lamm auch ein Symbol für Reinheit und eine friedliche Lebensweise. Unsere Kinder vom Kinderbauernhof versorgen alltäglich mit großer Hingabe zwei verwaiste Lämmchen mit frischer Milch. Dafür folgen sie ihnen auf Schritt und Tritt.

Den Brauch des „Osterwasser-Holens" haben wir seit einiger Zeit wieder aufgenommen. Quellorten wird eine besondere Kraft zugeschrieben. Eine Quelle beschreibt eine hochstrebende lichtvolle Geste wie beim WidderZeichen. Dieses Tierkreiswesen wurde in der Kulturgeschichte als in die geistige Welt hinaufschauend verstanden und bezieht sich auf die Aprilsonne, den Frühling. Nicht zufällig heißt der Frühling in der englischen Sprache „spring", was gleichzeitig auch die Bezeichnung für Quelle ist.

Am frühen Ostermorgen vor dem Aufgang der Sonne soll dieses Wasser, nach einem alten Volksglauben, aus einer sauberen Quelle geschöpft werden. Es wirkt das ganze Jahr gegen Augenleiden, Ausschlag etc. und sorgt für ewige Jugend und Schönheit. Bei der Prozession zur Osterquelle darf das Schweigen nicht gebrochen werden, um seine segensreiche Wirkung zu erhalten. Wegen seiner speziellen Fruchtbarkeitswirkung sollte dieses Wasser der Überlieferung zufolge vorwiegend von Jungfrauen, einer immer wieder aussterbenden Spezies, geschöpft werden.

Früher wurden sogar Tiere mit diesem natürlichen Mittel behandelt. Aber Vorsicht! Gerade haben die Politikkommissare der EU verordnet, dass Naturheilverfahren CC-relevant (cross compliance) sind (Land & Forst, Nr. 8, 25. Februar 2016). D.h., wenn Landwirte den Antibiotikaeinsatz reduzieren wollen, in dem sie z.B. homöopathische Verfahren bei Nutztieren, die der Lebensmittelgewinnung dienen, einsetzen, riskieren sie eine Bestrafung, die empfindliche Prämienkürzungen zur Folge haben können. Typisch EU! Sobald ein Problem gelöst werden soll (hier der gefährliche Antibiotikaeinsatz) schlägt die Brüsseler Lobbymafia zu und nutzt den Moment, um über ihren Einfluss die ungewählten Kommissare dazu zu bringen, dass sie in diktatorischer Manier das Problem im Sinne des Profits verschlimmbessern. Wie sang schon Reinhard Mey: „Über den Wolken, da muss die Blödheit wohl grenzenlos sein!"
Zusätzlich will die EU-Kommission das laut Weltgesundheitsorganisation „wahrscheinlich krebserregende Glyphosat" auf Druck der Agrarchemiemafia für weitere 15 Jahre zulassen (Alles für TTIP, Der Spiegel 10/2016). Bundeslandwirtschaftsminister Christian Schmidt (CSU), die Umweltministerin Barbara Hendrix (SPD) und - hinter dem Landwirtschaftsmister versteckt - SPD Chef und Bundeswirtschaftsminister Sigmar Gabriel, wollen dem kriminellen Treiben der Giftmafia zustimmen. Das Bundesinstitut für Risikobewertung (BfR) liefert die bestellte pseudowissenschaftliche Grundlage nach dem Slogan: „No risk no fun".
Und während wir noch über TTIP streiten, werden gerade in Brüssel die demokratisch gewählten Parlamente Europas ausgehebelt und das Handelsabkommen CETA mit den so genannten Schiedsgerichten, vor denen der Steuerzahler von den Konzernen auf angeblich entgangenen Gewinn verklagt werden kann, durchgeboxt (Wie Handelspolitiker die Parlamente aushebeln, in: Die Zeit vom 20. Februar 2016).
Aber diese volksdümmliche Politik kann nur solange funktionieren, wie sich die Menschen mit so tollen Produkten wie beispielsweise der neuen wörtschel riälliti

Google Brille nach dem Motto: „Ich mach mir mal `nen Zeiber Späß!" verblöden lassen.

Nur so kann auch die Kanzlerin zum 5. Jahrestag der Katastrophe von Fukushima und zum 30 von Tschernobyl (11. März und 26. April) den Atomkonzernen ein tolles Geschenk machen. 5Milliarden Steuerbefreiung für die Konzerne zu Lasten der Steuerzahler durch Abschaffung der Brennelemente-Steuer. Der verschwiegene Beinahe-SuperGAU des AKW Fessenheim liefert die morbide Begleitmusik. Merkelt ja keiner.

Verkehrsminister Dobrind (CSU) lässt sich auch nicht lumpen, wenn es um Geschenke an die Konzerne geht.

Während der Bürger demnächst mit Negativzinsen auf Guthaben belastet wird, möchte er gern dem Allianzkonzern zu 4 % Zinsen (garantiert!) im Jahr verhelfen durch den risikolosen Bau von privaten Autobahnen. Tolle Sache - für den, der das Geld kriegt. Von wem könnte der Herr Minister wohl demnächst einen wunderbaren Beratervertrag erhalten? Dreimal dürfen wir raten. Einmal reicht schon.

Der nächste Diebstahl durch das „organisierte Verbrechen", die Banken, wird bereits vom Europäischen Zentralbankchef (EZB) Mario Draghi vorbereitet. Graf Draghila möchte nicht nur die Sparbücher der BürgerInnen im Interesse der Finanzinvestoren vampirös aussaugen. Ziel ist die totale Kontrolle der Bürger in einer bargeldlosen Welt nach dem Motto: „Alles Geld den Banken". Dadurch werden alle Bürger ihr verfassungsrechtlich garantiertes Recht auf ihre Privatsphäre und ihre wirtschaftliche Handlungsfähigkeit verlieren. In einer bargeldlosen Welt würde die EZB Negativzinsen nutzen können, um neben der umfassenden Kontrolle der Bürger deren unmittelbare Enteignung beliebig zu ermöglichen. Das führt zur Verwirklichung des Traums aller Banken, den direkten Zugriff auf jedes Konto. Gebühren im Zahlungsverkehr sind jederzeit nach Belieben gestalt- und erhöhbar. Die Möglichkeit der legalen Beraubung aller wäre schließlich gesetzlich verankert. Wie sagte doch schon der gute alte Bertolt Brecht: „Was ist schon der Überfall auf eine Bank gegen deren Gründung?" Kein Wunder, dass der neue Chef der Deutschen Bank John Cryan auf dem Weltwirtschaftsforum in Davos mit leuchtenden Augen die schreckliche Ineffizienz des Bargeldes beklagte und deren Abschaffung forderte (Dämon Bargeld, in: Blätter für deutsche und internationale Politik 3/2016).

Da loben wir doch die bargeldlose Arbeit unserer Schweinebande auf dem Kohlacker. Mehrere 1000 m² Grasland haben sie intensiv durchwühlt, um den Boden für die Anpflanzung von Sommer- und Winter-Kohl liebevoll vorzubereiten. Nur so zum Spaß.
Aber auch wir sind vor bösen Überraschungen in unserer kleinen technischen Welt nicht gefeit. Mitten in der Miststreu-Arbeit streckte unser moderner John Deere alle viere von sich und sagte keinen Mucks mehr. Der zum Fehler-auslesen notwendige Laptop unseres Mechatronikers streikte leider auch. Tage vergingen. Ein neuerer Traktor des gleichen Typs wurde zur Verfügung gestellt. Nach wenigen Minuten Einsatz, wir ahnen es schon: „hazard". Deutsch spricht er nicht mehr. Alle Lichter blinken wie auf einer Glühwürmchenparty. Da in den USA die Gewerkschaften nicht mehr zu streiken wagen, tun es jetzt vielleicht die Maschinen? Aber wir hatten schließlich Glück, die NASA schickte uns eine Blackbox aus einer ausrangierten Mondlandekapsel.

Da war das Pferdeseminar mit Klaus Strüber doch wesentlich nervenschonender. Mehr als 20 hoch interessierte Menschen, darunter mehrere Mitglieder, befassten sich einen Tag mit dem praktischen Einsatz vonPferden in Gartenbau und Landwirtschaft. Denn Arbeitspferde sind schließlich die effizienteste Form der Energieautarkie in der Landwirtschaft. Aber nicht nur das: Klaus Strüber hat in Zusammenarbeit mit der Universität Kiel acht Jahre lang einen Parallelversuch Bodenbearbeitung durch Pferde bzw. mit einem 25 PS Schlepper durchgeführt. Es zeigte sich, dass der Boden der Pferdeparzelle bereits nach drei Jahren ein über 40 % höheres Luftporenvolumen hatte. Eine erhebliche Wirkung, da das Umweltbundesamt mittlerweile etwa 30 % des Ackerbodens in Deutschland als verdichtet eingestuft hat. Luftigere Böden können einer Bodenverschlämmung, hervorgerufen durch mehr Starkregen als Folge des Klimawandels, vorbeugen. Außerdem zeigte das Ergebnis einen etwa 8 % höheren Ertrag auf den Pferdeparzellen. Aber Pferdearbeit dauert im Durchschnitt etwa dreimal so lange, da man die gesamten Rüstzeiten berücksichtigen muss. Am Nachmittag wurde durch den praktischen Umgang mit unserem braven, schon eingefahrenen Friesenwallach Diego vorgeführt, wie eine verständnisvolle Kommunikation mit einem Pferd aussehen kann, von der ersten Begegnung bis zur Anschirrung. Anschließend erfolgte die bildliche Vorstellung alter und neuer innovativer Pferdetechnik für die Landwirtschaft. Angesichts der großen Begeisterung aller Teilnehmenden wird dieses Seminar fortgeführt. Unsere gender mainstreaming Aktivitäten sind bei den Hottemäxen wohl völlig aus dem Ruder gelaufen. Selbst das dezente Andeuten eine Fernküßchens seitens des zurückhaltenden Diego wurde von Bella mit einer heftigen Kaskade von Hufschlägen beantwortet, deren Beulen nachhaltige Kühlung erforderte.

Da müssen wir wohl eine Weile nach dem alten Knigge üben. Es wird noch eine kleine Weile dauern, bis die Gärtner im Garten mit der Gerte gärtnern.

Ein weiteres spannendes Treffen mit großer Resonanz fand zum Arbeitsfeld Bildung, Ausbildung, Schule und Handlungspädagogik auf Basis der gemeinschaftsgetragenen Landwirtschaft mit interessierten Eltern und Lehrenden statt. Aktueller Hintergrund ist das mögliche Ende des Kinderbauernhofs aufgrund der ange-

kündigten Kürzung der öffentlichen Mittel. Die bisherigen Erfahrungen mit den Projekten der Handlungspädagogik sind jedoch so ermutigend, dass Kinder, Eltern und pädagogisch Interessierte gemeinsam darüber nachdenken, wie ein erweitertes jahrgangsübergreifendes pädagogisches Konzept für den Lern- Standort auf unserem Hof aussehen könnte.
Denkt an die Veranstaltung mit der EU Abgeordneten Maria Heubuch am 18. April!
Strahlende Vorfrühlingsgrüße
Euer Team vom CSA Hof Pente

MAI

Alles Leid entflieht auf Erden
Vor des Frühlings Freud` und Lust
Nun so soll`s auch Frühling werden,
Frühling auch in unsrer Brust!

August Heinrich Hoffmann von Fallersleben

Zarte Frühlingssonnenbögen schleudern unverdrossen ihre silberglänzenden Wärmepfeile durch die noch arktisch zitternde Luft auf die gruftkalte Erde. Überbordendes Goldgrün sprengt Knospen und Keime. Myriaden Samen wetteifern um das Licht. Arbeitslustige Bienen schlagen sich ihre Ärmchen an ihren flauschigen Wolljäckchen warm und versuchen die sich ihnen entgegenstreckenden ersten Blütenstempel leidenschaftlich zu küssen. Zum Dank für den betörenden Nektar schleppen sie ihre immer fetter werdenden orangegoldenen Pollenhöschen von Blüte zu Blüte. Ein Geben und Nehmen für Vielfalt statt Einfalt. Doch halt. Ein Imker erzählte kürzlich, dass der Monsanto Hybridraps gar nicht in der Lage ist, den Pollentransport mit Nektar zu bezahlen, also gewissermaßen geizig oder gar pleite ist. Ergo: kein Nektar, keine Bienen, kein guter Ertrag. Weißdorn und Schlehen schicken ihre Sahneschneewolken ins Freie. In früheren Zeiten haben Spinner- und Weberinnen gerne getrocknete Schlehenfrüchte gekaut, um durch die Förderung der Spucke die Fäden besser anfeuchten und führen zu können. Angeblich helfen sie auch gegen Rheuma und Halsentzündungen.

Überall im Garten wühlen Menschen, Schweine und Maschinen in der duftenden Frühlingserde, um Vorfrüchte einzuarbeiten, Beete anzulegen, Pflanzdämme zu ziehen und dem Nachwuchs festen Boden unter die Wurzelfüße zu geben. Die ersten Gurkenpflanzen ziehen vorsichtig vor den gefährlichen Frühlingsnachtfrösten ins schützende Gewächshaus.

Am ersten Sonntag des Frühlingsvollmondes purzelten zwei Bullenkälbchen von Sophia und Ronja ins Strohbett. Wenn Paul und Josh sich nicht als geduldige Pflegeväter erwiesen hätten, die weder Zeit noch Blut und Scheiße fürchteten, wäre einiges schief gelaufen.

Sophia wollte ihren Nachwuchs auf keinen Fall trinken lassen und musste gefesselt werden, damit ihr Söhnchen überhaupt noch etwas wertvolle Biestmilch bekommen konnte. Sie scheint es auf eine baldige Zukunft als Rindersteak angelegt zu haben. Bei Ronjas Riesenkalb drückte die arme Mutter gleich ihre ganze Gebärmutter heraus. Vorsichtig musste der Uterus auf ein sauberes Betttuch gelegt, die Blutversorgungspunkte auf der Plazenta entfernt, sowie mit Hilfe des Tierarztes das ganze Organ wieder hineingeschoben und schließlich vorübergehend vernäht werden.

18 Schafe unserer mittlerweile zu groß gewordenen Herde wurden nach Ostern zu Opferlämmern und werden uns mit Salami verwöhnen.

Hahn Volker hat mit seiner legefreudigen Senioren-Frauschaft den Titel „Held der Ei-beit" haushoch gewonnen. Da blieb dem Hahn Emil von der Konkurrenz nur ein anerkennend gekrähtes „Boah, Ey." Und sein Kollege Emil zischte neidvoll „der frühe Vogel kann mich mal." Wenn Schalke demnächst einen neuen Trainer sucht… Volker ist der volle Bringer.

Unsere Friesen Bella und Diego haben Frühlingsgefühle entwickelt und tauschen vorsichtig erste zarte Küsschen. Ja, sie ertragen es sogar mittlerweile, nebeneinander auf einer gemeinsamen Weide friedlich zu grasen. Diego zeigte sich bei seinen ersten Zugversuchen mit einer Holzpalette brav und gelehrig.
Ein landtechnisches Museum überließ uns gegen eine kleine Spende weitere historische Arbeitsmaschinen für Pferdezug. Neben Federzinkengrubber, Sternrechen, Kipppflug und einem Vielfachgerät aus unserem Bestand haben wir nun unsere Ausrüstung mit einem rangierfreudigen Plattformwagen, einem verstellbaren „Igel", einem Volldrehpflug, einem Gabelheuwender und einer Drillmaschine mit Vorderwagen ergänzen können. Kinder und Praktikanten setzten sich mit Drahtbürste, Pinsel und Feuereifer für die Werterhaltung der fast hundertjährigen Schätze ein. Vielleicht sind das ja die ersten vorbereitenden Schritte für eine CSA mit bodenschonender regenerativer Landwirtschaft, die weitgehend unabhängig von der kapitaldominierten Wirtschaft existieren kann.
Eine naturgemäße Landwirtschaft und ein biodynamischer Gartenbau erfordern

eine ganz andere Beobachtungsgabe und einen dialogorientierten Umgang mit den zu gestaltenden Naturprozessen als ihre industrialisierte agrochemische Variante. Nehmen wir zum Beispiel die Tomate. Wenn diese von einer Raupe angegriffen wird, produziert sie zur Abwehr Toxine. Sie warnt aber auch gleichzeitig ihre Nachbarinnen über Duftstoffe, so genannte Methyljasmonaten. Diese werden übrigens auch in dem Parfüm Chanel No5 verwendet. (Daher bitte nicht damit ins Tomatengewächshaus, um unsere Pflanzen nicht irre zu machen.) Die Pflanze merkt aber auch ganz genau, wer sie verletzt hat. Ist es eine Spinnmilbe, produziert sie einen Duftstoff, der Raubmilben herbei lockt. Ist es aber eine Raupe, setzt sie einen Botenstoff frei, der die Schlupfwespe zur Hilfe holt. Die Speichelanalyse des Angreifers lässt die Tomate den richtigen Bodyguard finden. In der Pflanzensprache sind mittlerweile über 1000 Duftstoffvokabeln bekannt. Nicht alle kennen alle. Aber es gibt einen Grundstock von etwa zehn Vokabeln, die von den meisten Pflanzen verstanden werden. Jede Pflanzenart hat darüber hinaus einen eigenen Dialekt. Auch unterirdisch nehmen Pflanzen miteinander Kontakt auf. Baumwurzeln zum Beispiel verbinden sich mit Pilzfäden zu einem riesigen Netz. Dieses Wood Wide Web (www) überschreitet auch Artgrenzen und kann gewissermaßen über ein kostenloses eBay Stoffe und Informationen austauschen. Im Laborversuch konnte das Team um Andreas Wiemken von der Universität Basel nachweisen, wie beispielsweise eine Hirse- und eine Flachspflanze - obwohl nicht miteinander verwandt - sich gegenseitig mit Nährstoffen versorgen, wenn ihre Wurzeln über Mykorrhiza (Pilze) miteinander verbunden sind. Die Hirse fütterte gewissermaßen den Flachs und dieser wurde dadurch doppelt so hoch (Zeitpunkt, Nummer 142, 2016).

Intelligent gestaltete Mischkulturen sind in der Lage, über einen vielfältigen unterirdischen Marktplatz zum Beispiel Stickstoff, Phosphate oder Zuckerverbindungen auszutauschen oder sich mit Wasser zu versorgen. Dieser Prozess des ständigen Gebens und Nehmens kann natürlich auch durch Hacker gestört werden. So ärgert beispielsweise die Studentenblume (Tagetes) gern andere Pflanzen in ihrer Umgebung beim Wachsen, indem sie ein Pflanzentoxin ins Netz einspeist. Kooperation ist aber nicht selten. In Form der Flechte haben wir eine Symbiose zwischen Pilzfäden, die der Wasserversorgung dienen, und Algen, welche über Fotosynthese

Energie sammeln können. Pilze ziehen gewissermaßen die Fäden im Untergrund. Und sie können therapeutisch wirksam sein. Bereits Jahrtausende vor dem Entdecker des Penicillins, Alexander Fleming, trug der verletzte Ötzi den magenfreundlichen, entzündungshemmenden, antibiotischen Birkenporling in seiner Umhängetasche bei seiner beschwerlichen Reise durch die Alpen mit sich. Heute weiß nicht mal die Hälfte der erwachsenen Deutschen, dass Antibiotika bei Virusinfektion so wirksam sind, als wenn ich mit einem Wattebäuschchen einen Nagel in die Wand schlagen wollte. Sie machen nur bei bakteriellen Infektionen Sinn. Missbräuchlich angewendet können sie zu gefährlichen Resistenzbildungen und Allergien führen. Weil Antibiotika in der Darmflora nicht zwischen nützlichen und schädlichen Bakterien unterscheiden können, richten sie dort einen verheerenden Kahlschlag an wie Motorsägen und Planierraupen im tropischen Regenwald.

Technische Botenstoffe führen in irreführendem Geschwätz mit der Natur immer mehr zu einem sprachlichen Chaos wie beim Turmbau zu Babel. Hormonell wirksame Chemikalien, die in Schädlingsbekämpfungsmitteln, Plastikflaschen oder auch Kinderspielzeug freigesetzt werden, belasten zunehmend die Umwelt. Die Weltgesundheitsorganisation (WHO) spricht von einer globalen Gefahr. Und die Internationale Endokrinologische Gesellschaft macht sie gar für die Zunahme des krankhaften Übergewichts und der Diabetes verantwortlich. Das begeistert allerdings die Finanzinvestoren des Pharmakonzerns Boehringer. Dank florierenden Geschäfts mit der Diabetes stieg der Betriebsgewinn im letzten Jahr um 6 % auf 2,3 Milliarden €. Damit ist der Konzern in der Lage, das milliardenschwere Tierarznei-Geschäft des Pharmakonzerns Sanofi auch noch zu übernehmen - wohl in der Hoffnung auf noch mehr Medikamenteneinsatz in der Massentierhaltung. Dafür haben sie das Hustensaftgeschäft (Mucosolvan) abgegeben (Rezept für Wachstum, Frankfurter Rundschau 20.4.2016).

Der menschliche Körper hält die künstlich hergestellten Substanzen fälschlicherweise für Hormone, weil sie den körpereigenen Botenstoffen sehr stark ähneln. Auf Drängen von Verbraucherschutz- Organisationen verabschiedete das EU-Parlament im Jahr 2012 eine Biozid-Richtlinie, die das gefährliche Treiben der

Chemieproduzenten begrenzen sollte. Die EU-Kommission verschleppte deren Umsetzung aufgrund des massiven Lobbydrucks der Industrie bis heute. Profitaspekte scheinen eine größere Rolle zu spielen als die menschliche Gesundheit (Apotheken Umschau A 03/16). 2015 zog deshalb Schweden mit vier weiteren Staaten vor den Europäischen Gerichtshof (EuGH). Im Dezember letzten Jahres stellte dieser fest, dass die EU-Kommission gegen das Unionsrecht verstoßen habe, weil sie das Gleichgewicht zwischen wirtschaftlichen Interessen und Verbraucherschutz gefährde. Aber dieses Urteil zieht keinerlei Sanktionen nach sich. Denn schlauerweise darf die EU zwar ihre Mitgliedstaaten, die gegen Gesetze verstoßen, bestrafen. Wenn EU Organe allerdings gegen Gesetze verstoßen, wird keine Strafe fällig. Toller Vertrag. Und da wundern sich einige Politiker immer noch über die zunehmende EU-Feindlichkeit ihrer Bürger?

Und unsere lieben Freunde in den USA? Von Donald Trump hört man, dass er gerne „bio" isst. Und im letzten Oktober setzte er einen ironischen Tweet ab „zu viel Monsanto im Getreide erzeugt Probleme im Gehirn." (grain – brain) Bei Hillary Clinton allerdings wird es ernst. Clintons Anwaltskanzlei vertrat jahrzehntelang Monsanto. Dieser Konzern spendete auch erhebliche Summen für die Stiftung der Clintons. Und der langjährige Monsanto-Lobbyist Jerry Crawford ist ihr politischer Berater. Auf einer Tagung der Gentechnikindustrie riet sie ihren Gastgebern GMO (genetically modified) Pflanzen nicht mehr als „genverändert" zu bezeichnen. Lieber zum Beispiel als „trockenheitsresistent" - „das hört sich an wie etwas, was die Leute wollen." Für diese Tipps erhielt Hillary Clinton ein Honorar von 325.000 Dollar. (Frankfurter Rundschau, 24./25.3.2016) Toll, wie viel Geld man als Politiker bekommen kann, wenn man im Auftrag der Konzerne die Wähler verarscht.

Und der „böse Putin" hat mittlerweile alle Monsanto Produkte in Rußland verboten. Der „liebe" ukrainische Panamabriefkastenonkel Poroschenko öffnet dagegen dem Konzern derzeit alle Tore für Gift, (Land-) Grabbing, Geld (der Finanzinvestoren) und Genmanipulation (G 4). Der Weg zur Mitgliedschaft in der G 7 Gruppe ist offensichtlich nicht mehr weit.

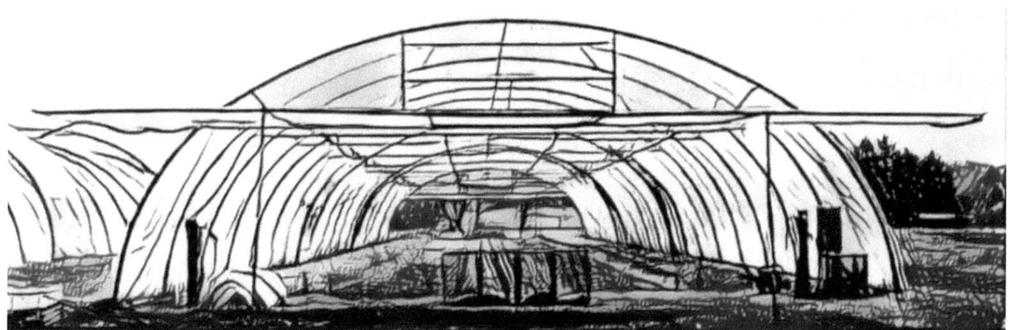

Der Ausverkauf landwirtschaftlicher Flächen (Landgrabbing) an internationale Investoren war auch das Thema unserer Veranstaltung mit der Europa-Abgeordneten Maria Heubuch am 18. April auf unserem Hof. Statt Lebensgrundlage für die Bauern zu sein, werde Boden zunehmend zum Spekulationsobjekt von Finanzinvestoren. So habe zum Beispiel die KTG Agrar mittlerweile 32.000 ha landwirtschaftliche Fläche übernommen. Chinesische Investoren kauften sich jüngst in einem ersten Schritt mit 9 % in das Unternehmen ein. Der raffinierte Trick dabei sei, dass über diesen Umweg in- und ausländische Spekulanten, ohne dass sie Bauern sind, das Grundstücksverkehrsgesetz aushebeln und sich gleichzeitig um die Grunderwerbsteuer herumdrücken können. Darüber hinaus kassieren allein in diesem Fall die Investoren mehr als 12 Millionen € Agrarsubventionen jährlich aus Steuermitteln. Der Bauernverband lehne aber die mittlerweile auf Europaebene geschaffene Möglichkeit, die Mittel zu kappen und etwa 30 % der Fördermittel an bäuerliche Strukturen zu binden, ab.
Übrigens nahm auch Friedrich Graefe zu Baringdorf, ehemals grüner Europaabgeordneter und Vorsitzender des Agrarausschusses im Europäischen Parlament, an dem aufrüttelnden Abend teil.
Um aus den Bodenspekulationen herauszukommen und Land für die ökologische Landwirtschaft und den Naturschutz zu sichern, haben sich derweil interessierte CSA-Mitglieder zusammengesetzt und die Möglichkeit zur Schaffung einer entsprechenden Gemeinschafts-Stiftung erkundet.

Auch die aktuelle Politik zur Energiewende ist vom Lobbyvirus der ewiggestrigen Konzerne infiziert und kränkelt. Durch ein unübersichtliches Hü und Hott werden Bauern und Verbraucher ausgebootet, Großinvestoren bevorteilt und das Ziel des Klimaschutzes aus den Augen verloren. Statt sich über die Dynamik zu freuen, dass mittlerweile 33 % der elektrischen Energie aus erneuerbaren Energien gewonnen wird, möchte man das Wachstum ausbremsen und bei 45 % deckeln. Wirtschaftsminister Gabriel will offenbar erstmal die Braunkohle klimawirksam verbrennen lassen (Gabriel bootet Bauern aus, top agrar 4/2016). Landwirte und Bürgerenergieparkbeteiber sollen nun künftig aufwändige und teure Gutachten und Genehmigungen vorlegen, damit sie sich an Ausschreibungen für die Erlaubnis zur Einspeisung von erneuerbaren Energien neben den Konzernen beteiligen können und eventuell einen Zuschlag bekommen. Das ist ein fairer Wettbewerb, meint der Wirtschaftsminister. Etwa so wie man einen Fisch und einen Schimpansen auffordert „Wer ist am schnellsten auf dem Baum?"

Als Vorgeschmack auf das Wirken der internationalen Energiekonzerne, die künftig auch bei uns im Zusammenhang mit dem geplanten Freihandelsabkommen ein besonderes Klagerecht auf Profit bekommen sollen, lässt sich das Gebaren des Erdölkonzerns Texaco/Chevron gegen den armen Andenstaat Ecuador verfolgen. Dieser Konzern hat jahrzehntelang bei der Ausbeutung von Erdöl im ecuadorianischen Teil des Amazonas rund 450.000 ha des biologisch reichen Gebietes zerstört und 71 Millionen Liter hochgiftiger Erdölrückstände hinterlassen. Die betroffenen indigenen Völker haben sich zu einer Klage zusammengeschlossen, die sich auf den Erdölfördervertrag des Unternehmens bezieht, nachdem dieses die giftigen Rückstände in tiefe Erdschichten hätten pumpen müssen. Der Konzern hat nun den Spieß umgedreht und Ecuador verklagt, das angeblich durch ein Investitionsschutzabkommen mit den USA aus dem Jahre 1995 selbst verantwortlich sei und seine Pflichten verletzt habe. Mit einem aktuellen Urteil des Ständigen Schiedshofes in Den Haag hat der US Konzern jetzt einen Teilsieg errungen. Weil das dem Ölmulti noch nicht reichte, hat das Unternehmen einen spektakulären Prozess in New York angestrengt, bei dem die ecuadorischen Kläger (die indianischen Ureinwohner) der Mitgliedschaft in einer kriminellen Vereinigung bezichtigt wurden, sie haben ja schließlich eine Klägergemeinschaft gebildet - nach einem Gesetz, welches früher einmal in den USA zur Bekämpfung der Mafia verabschiedet worden war (VER.DI Publik 2/2016).

Wie schon berichtet, soll demnächst unser „Kinderbauernhof", der offiziell eine „Kindergroßtagespflege" ist und daher nur jüngere Kinder aufnehmen darf, zu einem Kindergarten werden, heute ja „Kindertagesstätte" (KITA). Ist Garten nicht schöner als Stätte? (Gedenkstätte, Schädelstätte, Richtstätte, Opferstätte, Ruhestätte)
Anfang Mai wird unsere neue Auszubildende Fritzi ihre Lehrstelle im Bereich CSA Gartenbau antreten. Herzlich willkommen!
Wir haben ein kleines Jubiläum. Am 1. Mai 1011 – vor 5 Jahren – startete unsere CSA!
Der Termin für unsere Mitgliederversammlung ist der 31. Mai 2016.

Herzliche Frühlingsgrüße euer Team vom CSA-Hof Pente

Entfremden musst du den Gepflogenheiten,
die du in allen diesen Gassen schaust,
und dich verschließen den
Gewogenheiten der Dienstbereiten,
drauf du jetzt noch baust,
erst bis du allen den Verlogenheiten
entwachsen sein wirst,
denen du vertraust,
bist du am Anfang deiner selbst und
stehst an einem Meer,
auf dem du ruhig gehst,
ohne zu ahnen,
dass du Wunder tust,
die von den Menschen dich für immer
scheiden.

Rainer Maria Rilke

Notizen von einer Reise aus den Niederungen der Provinz in die Eingeweide der europäischen Bürokratie.

„Brüssel" bedeute etwa „Stadt, die in einen Sumpf gebaut wurde", erläuterte uns der eingeborene Stadtbilderklärer. Bürokratie und Herrschaftsarchitektur habe Tradition in dieser Stadt. Der Justizpalast mit seinen mächtigen Säulen und Kapitälen galt unter König Leopold als größtes Protzgebäude des damaligen Europa. Bis heute werde dieser Steinkoloss erst zu etwa 10 % genutzt. Es komme immer wieder vor, dass sich die Mitarbeiter darin verlaufen. Um die pompösen Fassaden zu unterhalten, seien enorme Summen notwendig. Die dafür erstellten Gerüste sind mittlerweile schon so marode, dass sie durch neue davorgestellte Gerüste demontiert werden müssen.

Glaspaläste des neuen Brüssel säumten unseren Weg zum Parlament und zu den europäischen Institutionen, vorbei an den 55.000 dort beschäftigten Bürokraten. Sven Giegold, grüner Abgeordneter des Europäischen Parlaments und dort für die Finanzpolitik zuständig, erläuterte die Hintergründe des so genannten Luxemburg-Leaks. Ein 23 Jahre junger Mitarbeiter des internationalen Beratungsunternehmens PriceWaterhouseCoopers (PWC) habe es moralisch nicht ertragen können, dass Luxemburg unter Finanzminister Juncker zu einer Steueroase für die multinationalen Konzerne verkommen sei, die durch komplexe Konstruktionen nur noch einen Steuersatz von etwa einem Prozent hätten. Was habe das mit Gerechtigkeit und der Stärkung der Regionen zu tun, wenn ein Buchhändler einer Kleinstadt 30 % Steuern bezahlen müsse, und der Riese Amazon nur lächerliche ein Prozent? Nach der Wahl Junckers zum EU Präsidenten hätten die „Merkel Parteien" (CDU/SPD) sich vehement geweigert, einen Untersuchungsausschuss zu diesem Thema im Europäischen Parlament einzusetzen. Aber, so Giegold, ein angeschlagener Präsident lasse sich vielleicht leichter zu Kompromissen gegen die Finanzindustrie treiben, als ein neues Gesicht.

Maria Heubuch, ebenfalls Europa-Abgeordnete der Grünen und Milchviehbäuerin aus dem Allgäu, machte die Schwierigkeiten deutlich, sich für eine wirklich bäuerliche Landwirtschaft in Europa einzusetzen. Sie wolle dafür sorgen, dass die Mittel des Europäischen Agrarhaushaltes stärker für eine ökologische, umweltfreundliche Landwirtschaft eingesetzt würden. Hoffen wir, dass ihr bodenständiger Charme dem Brüsseler Sumpf widersteht.

Der sozialdemokratische Abgeordnete Knut Fleckenstein hat es in seinem Ausschuss mit den besonders brisanten Beziehungen der EU mit Russland zu tun. Er bedauerte es, dass die EU bislang nicht in der Lage sei, vor lauter Selbstgerechtigkeit in der Ukraine-Frage aus eigenen Fehlern zu lernen und immer tiefer in eine Eskalation hineinschlittere. In der Diskussion wurde klar, dass der Boykott Russlands in der Europäischen Union dauerhaft Arbeitsplätze koste und diese zum Beispiel nach China abwandern würden. Er hoffe, dass sich das durch die einsei-

tige Medienberichterstattung aufgewiegelte Meinungsbild im Europäischen Parlament nicht durchsetzen würde. Bislang würden sich die meisten Fraktionen mit Boykottforderungen gegenseitig überbieten. Das störe eine konstruktive Hintergrunddiplomatie erheblich. In seinen Gesprächen mit Abgeordneten in den USA habe er aber leider feststellen müssen, dass dort wenig Interesse an einer diplomatischen Konflikt- Regelung vorhanden sei und ihm Waffenlieferungen und andere militärische Hilfeleistungen, die in einen direkten Krieg münden könnten, vorgeschlagen würden. Einigen republikanischen Abgeordneten hätte er direkt gesagt: „Für euch mag es unterhaltsam sein, abends vom Sofa im TV einen Krieg in Europa zu verfolgen, für uns kann es der Anfang von einem schrecklichen Ende sein." Das wäre aber gar nicht so gut angekommen. Fleckenstein musste auf Anfrage zugeben, dass sich wahrscheinlich schon über 3000 Mann westlicher Söldner und amerikanischer Berater auf Seiten Kiews am Ukrainekrieg beteiligten. Er erinnerte auch daran, dass ohne die Intervention Russlands auf ihrem wichtigsten Marinestützpunkt am Schwarzen Meer, Sewastopol, möglicherweise schon das Sternenbanner wehen würde, - dabei untätig zuzuschauen, könne man von Putin schwerlich erwarten. Die Frage, ob es sinnvoll sei, dass derzeit Frau Von der Leyen deutsche Leopardpanzer wieder startklar machen will, verneinte er. Wozu auch, Napoleon und der GröFaZ sind ja schon glorreich vor Moskau gescheitert. Aber heute gilt ja Gendermainstreaming. Jeder und jede hat das Recht auf einen eigenen Irrtum. Und aller bösen Dinge sind drei.
Die persönliche Referentin und Redenschreiberin der Außenbeauftragten der EU, Frau Mogherini, präsentierte sich als das personifizierte Lächeln der europäischen Bürokratie. Sie warb für das Freihandelsabkommen TTIP mit den USA und bedauerte, dass die Bevölkerung noch nicht so richtig begeistert, weil schlecht informiert sei. Das ist schon richtig verwegen: Unter strengster Geheimhaltung werden Entscheidungen vorbereitet, die jeden Verbraucher im Kern betreffen. Noch nicht einmal die gewählten Abgeordneten des Europäischen Parlaments dürfen die Texte offen sehen, sondern nur unter Bewachung in einem verschlossenen Raum, ohne die Möglichkeit, überhaupt etwas zu kopieren, und werden anschließend zu strengstem Stillschweigen gegenüber dem Bürger verpflichtet.

Auf die Frage, ob es richtig sei, dass der US-Geheimdienst NSA Verhandlungsräume der EU sowohl in den USA als auch in Brüssel komplett verwanzt habe, lächelte sie dieses Problem gekonnt weg mit dem Hinweis, dass sei etwas unangenehm. Ein Schelm, wer Böses dabei denkt.

Am gleichen Tag verhandelten auch die europäischen Staats- und Regierungschefs angesichts der mehreren 1000 Todesopfer über eine Neuregelung des Umgangs mit den Bootsflüchtlingen aus Afrika nach Europa. Stolz verkündete der britische Premier David Cameron in Cowboy Manier vor den Medien, man habe sich zum Bombardieren der Boote an der afrikanischen Küste entschlossen. Das wird aber ein gefahrloser Superspaß für die britischen Jagdbomberpiloten. Sie werden ja aus der Luft genau erkennen, welchem Fischer welches Fischerboot gehört und diese von den Booten der Schlepperbanden exakt unterscheiden können. Da wird sich der brave Fischer Ali gleich diesen Banden anschließen, da er sonst seine Familie nicht mehr ernähren kann. Hat man immer noch nicht begriffen, dass man die wirtschaftlichen und sozialen Verhältnisse als die eigentlichen Fluchtursachen bekämpfen muss? TTIP wird diese Ursachen, soweit ist klar, weiter verschärfen und eine wirkliche Unterstützung der Kleinbauern in Afrika hat die EU nicht auf dem Programm, sondern eher einen Deal mit Monsanto & Co.

Ein Gespräch über die vorsichtige Öffnung der EU gegenüber Kuba stand ebenfalls auf dem Programm der Außenexperten. Der Handschlag zwischen dem US-Präsidenten Obama und Kubas Präsident Raul Castro sei ein Signal dafür gewesen. Welch trostloses Bild diese Äußerung auf die Tatsache der Unterwürfigkeit der EU-Politik gegenüber dem großen Vormund abgab, merkte der Referent noch nicht einmal. Jahrzehntelang versuchten die USA vergeblich, Kuba durch einen kompletten Wirtschaftsboykott wirtschaftlich zu ruinieren. Die Ergebnisse der kubanischen Bildungs- und Gesundheitspolitik sind dennoch vergleichsweise vorbildlich für Länder mit vergleichbaren Bedingungen. Das zeigte sich gerade jetzt bei der Ebola Krise in Afrika. Während die reichen Länder Deutschland und die USA nach wochenlangem Hin und Her noch knapp 200 Mediziner nach Afrika entsenden konnten, schickte Kuba innerhalb einer Woche etwa 1.500 Ärzte und Helfer. Die gesamte EU sei allerdings in der Lage gewesen, einem einzigen, durch seinen Einsatz infizierten Helfer in Europa behandeln zu lassen. Immerhin.

Die USA versuchten immer noch, möglichst viele qualifizierte Kräfte aus Kuba abzuwerben. Dieser für dieses kleine Land erhebliche brain drain betrüge jährlich etwa ein Prozent der Bevölkerung Kubas. Kubanische Flüchtlinge würden vorbildlich behandelt und sofort in das sonst sehr verschlossene US- amerikanische Sozialversicherungssystem aufgenommen. Dagegen werden nach wie vor mexikanische Flüchtlinge an der US-amerikanisch-mexikanischen Stacheldrahtgrenze erschossen.

Ein Besuchserlebnis der besonderen Art bot das NATO Hauptquartier in Brüssel. Hier wurde uns, natürlich streng vertraulich, ernsthaft vermittelt, die NATO besäße gar keine eigenen Waffen, sondern nur deren Mitgliedsländer. Mit der gleichen Logik könnte ich etwa behaupten, mir gehören ja die Haare auf meinem Kopf eigentlich gar nicht, sondern dem lieben Gott. Auf die Fragen, wie es denn sein könnte, dass das NATO-Mitglied USA vom deutschen Stützpunkt Ramstein aus völkerrechtlich illegale Tötungen vornehmen könnte, die zu 90 % Zivilisten beträfen, gab es ebenso wenig eine nachvollziehbare Antwort, wie auf die Frage, ob die NATO in der Lage sei, sich ansatzweise in die russische Seite zu versetzen, angesichts der Einkreisungspolitik und der massiven Osterweiterung der NATO. Erhellend, oder eher verdunkelnd war das Gespräch mit der Vertreterin des europäischen Energiekommissars. Ihr jugendlicher Charme wurde durch keinerlei störendes Fachwissen befleckt. Auf die Frage an die Juristin, wie es denn sein könne, dass der Energiekommissar die angeblichen Subventionen der umweltfreundlichen regenerativen Energien in Deutschland strikt unterbinden wolle - gleichzeitig aber in England ein neues Atomkraftwerk (Hinkley Point) mit horrenden Subventionen zulasse - bemühte sie den uralten innovativen Rechtsgrundsatz: Es ist so, weil es so ist!

Klarere Antworten auf unsere Fragen bekamen wir dagegen vom EU Abgeordneten Martin Sonneborn, Gründer von „Die Partei" und ehemaliger Titanic Redakteur. Mehr als 33.000 € pro Monat bekäme er allein für den Unterhalt seines

Büros in Brüssel. Als Hartz 33 bezeichnete er das. Er sei leider als Einzelkandidat im Parlament in die Nähe obskurer Gestalten des rechten Flügels platziert worden. Seine Forderung nach Wiedereinführung des Einhorns, weil es keine Gülleprobleme verursache, stellte er allerdings nicht mehr in den Mittelpunkt seiner Politik.

Eine skurril erscheinende Forderung, die uns allerdings nach dem fast schmerzhaften Erleben der Absurditäten des sich als modern verstehenden Brüsseler Verwaltungsapparates fast erleichternd einleuchtete. Was erwarten wir von einem Apparat, der geschlossen jeden Monat alle seine Büroordner in Kisten verpackt, seine Abgeordneten auf die Reise schickt und für eine Woche nach Straßburg umzieht, - weil – ja, warum eigentlich? Weil das Geld der Bürger ja irgendwie ausgegeben werden muss?

Wir wären bereit, einen Ideenwettbewerb für alternative Verwendungsoptionen zu unterstützen. Vorschläge nehmen wir ab sofort entgegen.

Johannes & Martina

JUNI

Alle Wahrheiten durchlaufen drei Stufen.
Zuerst wird sie lächerlich gemacht oder verzerrt.
Dann wird sie bekämpft.
Und schließlich wird sie
selbstverständlich angenommen.

Arthur Schopenhauer

Eiskalte Ostwinde kämpften in der ersten Maienhälfte heulend und wirbelnd mit dem linden Frühlingswind. Heiß und kalt, Schweiß und Erkältung lagen dicht beieinander. Nun aber kleidet flimmerndes Grüntonpatchwork die Frühlingslandschaft mit Lebenshoffnung. Blütenorgien und Duftwolkengewitter verzaubern Vögel und Insekten mit Lebenslust. Illustres vielstimmiges Gezwitscher begrüßt den dämmernden Morgen mit Lebensfreude. Das erste irre duftende Heu hat seinen Weg in den Lagerstapel gefunden, der noch eine Regenschutzhaube braucht. Die „Maienwiese" ist in einen vielfältigen Gemüsegarten verwandelt worden. Abertausende Jungpflanzen sind durch zahlreiche fleißige Hände in eine neue Heimat gelangt und genießen ihre Inkarnation am neuen Lebensort. Die ersten Frühkartoffeln können nach rund 100 Tagen Wachstum Ende Juni erwartet werden. Das Wintergemüse und der Salatanbau haben dank der Gärtnerkunst des GDT (GrüneDaumenTeams)

eine lückenlose Versorgung im Jahreskreis ermöglicht. Selbst der Kohl ist immer noch cool.

Der von unseren Junghähnen groß angekrähte Eierlegewettbewerb hatte für die Vorstandshähne Emil, Dieter und Günther noch ein Nachspiel. Nachdem sie mit dem Versuch, auch mit unlauteren Methoden an die Weltspitze zu kommen, gründlich auf den Schnabel gefallen waren, beanspruchten sie zur Belohnung vom Hühnervolkswagenwerk auch noch eine Sonderration Lege!hennenfutter. Die Betriebshennenratsvorsitzende Emma Osterloh, sonst untertänigst dem Hähnevorstand ergeben, lief aufgeregt mit hochrotem Kamm herum. Empörung frauschte im Hühnervolkswagen. Einige Hennen buddelten sich vor Fremdscham in den Mutterboden ein, andere stürzten sich vor Verzweiflung in die Pferdetränke, lebensmüde Volkshennen ließen sich vom Habicht ausfliegen. Statt üppiger Boni - ab nach Mali! Erst als die Volkshähne von ihrem ungebärdigen arroganten und ignoranten Stolz abließen und ihren Kamm nach japanischer Art unter dem Flügel trugen, war wieder eine friedliche Dialogrunde im Volkswageneierwerk möglich.

Im Zusammenhang mit der geplanten Pferdearbeit werden wir künftig dem Acker einen Cambridge Abschluss anbieten können. Wir haben nämlich im Internet eine guterhaltene dreiteilige Cambridge Kombination, auch Krümelwalze genannt, günstig erstanden. Sie wird für ein feinkrümeliges Saatbett

sorgen können. Am 24.Mai war für das Team Diego/Jürgen Premiere für die lautlose Beikrautregulierung mit dem (Jäte)Igel. Leider sind die Tiere noch nicht so weit, um im WLAN-Modus zu arbeiten, d.h. ohne Leinen selbstständig auf dem Acker tätig zu werden. Allerdings passt zu dieser Technik auch weniger das iPhone sondern eher der iStone, eine polierte Granitplatte in Form eines Handys, das etwa so wirksam sein soll wie ein Nichtraucherpflaster. Aufgrund der Fliegenplage müssen unsere Friesen zeitweilig eine Art Burka tragen. Wir wissen nicht, ob dies bei AfD Sympathisanten schon unter den Verdacht der Islamisierung des Abendlandes fällt.

Dank der feinsinnigen Arbeit von Gärtner Helmut befindet sich das Nützlings-Schädlings-Gleichgewicht in unseren Gewächshäusern in optimalem Zustand, da die Marienkäferlarven die schädliche Blattlauspopulation bereits so stark dezimiert haben, dass die importierten Schlupfwespen kaum noch Läuse finden, um mit ihrem Stachel ihre Eier in ihnen abzulegen. Das heißt, die im Gartenbau unerwünschten Eiablagen der Läuse sind bereits weggefressen. Im Ergebnis leiden die Wespenlarven unter Nahrungsmangel.

Ein Teil unserer Bienenvölker hatte Pech und geriet im Reich des Bösen in Gefangenschaft. Ihr Standort erklärte der Kreisveterinär zur Sperrzone, weil ein Fremdvolk in der Nähe von der „amerikanischen Faulbrut", einer Bienenseuche, befallen ist. Wahrscheinlich wurde es mit infiziertem billigem Importhonig gefüttert. Möglicherweise müssen alle Völker im Sperrgebiet samt Beuten, Brut und Honig verbrannt werden. Wie viel Arbeit wird vernichtet, wenn man bedenkt, dass eine Honigbiene täglich bis zu 4400 Blüten anfliegt und dabei eine Strecke von durchschnittlich 85 km zurücklegt? Am 21. Mai, außerordentlich früh, konnte Martin bereits rund 70 kg Raps- und Obstblütenhonig ernten. Dabei sind viele Bienen bereits durch die Varroamilben belastet, die als Parasiten vom Blut der Bienen leben. Zu allem Überfluss ist der Grenzwert für das Pestizid Thiachloprid im Honig von 0,05 mg auf 0,2 mg pro Kilo um das Vierfache heraufgesetzt worden. Trotz fataler Wirkungen ist dieses Nervengift auf Betreiben des Herstellers BayerCropScience weiter uneingeschränkt zugelassen. Der Berliner Neurobiologe Randolf Menzel konnte bereits 2014 nachweisen, dass die Substanz das Nervensystem der Bienen angreift und damit deren Orientierungsvermögen so stark beeinträchtigt, dass die Tiere nicht mehr zu ihrem Stock finden und ster-

ben. Die EU Chemikalienbehörde ECHA hatte diese Substanz 2015 sogar als wahrscheinlich Krebs erregend und fruchtbarkeitsschädlich für den Menschen eingestuft (Frankfurter Rundschau vom 27.4.2016). Anstatt sich für ein Verbot auszusprechen, setzte sich der Bundeslandwirtschaftsminister Christian Schmidt (CSU) im Profitinteresse der Firma Bayer in Brüssel für eine Erhöhung des Rückstandsgrenzwertes ein. Die anderen Mitgliedstaaten der EU folgten vor wenigen Tagen dem deutschen Votum. Die Bienenforscherin Geraldine Wright von der Universität Newcastle fand heraus, dass die Bienen die mit dem Neonikotinoid vergifteten Pflanzen nicht vermeiden, sondern sogar verstärkt anfliegen. Wahrscheinlich wirkt dieser Stoff, ähnlich dem Nikotin, bei Menschen wie eine Droge. Wie wenig ernst die Bundesregierung den vorsorgenden Umweltschutz nimmt, wird am Beispiel des Trinkwassers, unserem wichtigsten Lebensmittel, deutlich. Die EU-Kommission hat Deutschland vor dem Europäischen Gerichtshof (EuGH) wegen Untätigkeit verklagt. Deutschland blockiere eine Reduzierung der zu hohen Grundwasserbelastung mit Nitratrückständen. Im Art. 20 a des Grundgesetzes heißt es: „Der Staat schützt auch in Verantwortung für die künftigen Generationen die natürlichen Lebensgrundlagen...“
Den gleichen politischen Eiertanz finden wir angesichts des Tauziehens um das hochgiftige Pestizid Glyphosat, welches zu einem Topthema geworden ist. Mit der verblödeten Konsequenz eines suizidalen Lemmings will der Bundeslandwirtschaftsminister die Profitinteressen der Pestizidindustrie vor die Gesundheitsinteressen der Bevölkerung stellen. Als Dank plant Bayer, den Pestizid- und Gentechnikgiganten Monsanto zu übernehmen. In Brüssel will man erst abstimmen, wenn man ausreichend Ja-Sager für eine Verlängerung der Zulassung beisammen hat. Eine neue Form der „gelenkten Demokratie“ nach türkischem Vorbild?
Die große asoziale Briefkasten-Koalition mit dem Motto „Steuerflüchtlinge aller Länder vereinigt euch“ hat dem guten alten Motto von Janosch „Oh wie schön ist Panama“ eine völlig neue Bedeutung gegeben. Dabei wird vergessen gemacht, dass der Internationale Währungsfonds (IWF) bereits 2010 auf Großbritanniens überseeischen Schatzinseln mehr als 18.000 Milliarden Dollar vermutete. Allein die Deutsche Bank unterhielt dort 1064 Zweigunternehmen. „Es sind keine Än-

derungen geplant", sagt dazu das bundesdeutsche Finanzministerium, welches sonst keine Mühen scheut, den deutschen Bürgern und Sparern Gelegenheiten zu bieten, bei der Bankenrettung großzügig zu helfen (Frankfurter Rundschau vom 27. April 2016). Ist dies die neue Form des feudalen Kapitalsozialismus mit voller Haftung der Bürger?

Nach dieser Logik ist auch verständlich, dass diejenigen, welche herausfinden, wie die Politik die Steuertricks der Großkonzerne und Superreichen deckt, vor Gericht gezerrt werden müssen, statt sie mit einem Tapferkeitsorden auszuzeichnen. Es ist unglaublich aber wahr: Antoine Deltour und sein Kollege bei der Unternehmensberatung PriceWaterhouseCoopers (PWC), Raphael Halet, wurden wegen Diebstahl und Geheimnisverrat, d.h. für die Aufdeckung des LuxLeaks-Skandals, in Luxemburg vor ein (un-)ordentliches Gericht gestellt und sollen für ihre mutige Aufklärung bis zu zehn Jahre Haft bekommen. Im Namen des ???

Auch in Südamerika sieht das Finanzkapital nach dem Ende der Militärdiktaturen und der demokratische Phase sowie der Durchsetzung einiger sozialer Reformen, die Zeit gekommen, das Rad der Geschichte wieder zurück zu drehen. In Argentinien zahlt der neue konservative Präsident nach einem Urteil eines Schiedsgerichtes in New York 12,5 Milliarden $ aus der klammen Staatskasse an die Spekulanten, die in der Krise argentinische Staatspapiere für 5 % ihres Wertes gekauft hatten. In Brasilien wird die demokratisch gewählte Präsidentin Dilma Rousseff, die in der Zeit der Militärdiktatur selbst gefoltert worden war, durch eine große Koalition BBB „boi, bala, biblia", (Rind, Kugel, Bibel) also der Agrar- und Waffenlobby sowie der christlichen Fundamentalisten, abgesetzt. Allein die fraktionsübergreifende Koalition der Großagrarier zählt 190 von 513 Abgeordneten. Durch einen guten Freund der Familie, den Jesuitenpater Alban Trinks, den wir 1964 zu Beginn der Militärdiktatur kennen gelernt hatten, bekamen wir immer wieder aktuelle Berichte aus der Innensicht dieses Landes, von dem ein Großteil unserer konventionellen Landwirtschaft lebt (Soja für die Massentierhaltung, die jeder unterstützt, der deren Produkte kauft). So waren wir über die Folterpraktiken, in denen die brasilianischen Militärs während der Diktatur im Folterausbildungslager der USA in Panama (Oh wie…) ausgebildet wurden, um sie an Landlose, Indios und Gewerkschafter, die sich den Großgrundbesitzern und Urwaldrodern entgegenstellten, einzusetzen, informiert. Bei der „Papageien-schaukel" wird das Opfer nackt rittlings auf einen scharfen Eisenstab gebunden… Geheimdienste, so sollte der unbefangene naive Zeitgenosse denken, sind ja im Gegensatz zu Terrororganisationen für Sicherheit und Ordnung zuständig. Nun stellt sich aktuell heraus, dass Nelson Mandela, der bedeutendste Staatsmann des vergangenen Jahrhunderts, vom US- Geheimdienst CIA „erfolgreich" an das Rassistenregime in Südafrika verraten worden war (Frankfurter Rundschau 17. Mai 2016). 27 Jahre Haft folgten.

Wir werden immer wieder gefragt, wie man angesichts dieser Entwicklungstendenzen Hoffnung für die Zukunft schöpfen kann. Unsere Mitglieder haben sich meistens schon eine Antwort gegeben. Viele sind nicht nur Mitglied geworden aus purer Lust am guten Geschmack, dem guten Gefühl, nicht mehr am Leiden der Tiere in der Massentierhaltung verantwortlich zu sein oder mit ihrem Einkauf nicht mehr die Vergiftung der Landschaft oder die Abholzung des Regenwaldes zu fördern. Sie wollen auch eine wirkliche gesellschaftliche Alternative.

Die US amerikanische Biologin Norrie Huddle hat am Beispiel der Transformation der Raupe zum Schmetterling eine schöne Analogie für Veränderungsprozesse aufgezeigt. Nach dem Einspinnen der Raupe in ihrem Kokon vollziehen sich gleichzeitig zwei Prozesse. Einerseits beginnen Enzyme die alte Zellstruktur aufzulösen, andererseits entstehen parallel neue Elemente, die in einer anderen Frequenz schwingen. Diese Imago-Zellen beinhalten im Keim bereits Informationen und Strukturen des künftigen Schmetterlings. Sie imaginieren bereits die Zukunft in der Gegenwart. Die alten Zellen wehren sich dagegen und bilden Antikörper, weil sich das alte System in seiner Ordnung bedroht sieht und das neue für einen Fremdkörper hält, den es zu unterdrücken gilt. Den neuen Imagozellen gelingt es aber zunehmend, die Immunzellen zu infizieren, damit sie selbst Imagozellen hervorbringen. Die Biologin hat auch beobachtet, dass die zunächst ziemlich einsamen Imagozellen es zunehmend schaffen, kleine Gruppen zu organisieren und schließlich Netzwerke bilden. Plötzlich scheinen sie zu begreifen, dass sie etwas Neues sind. Ab diesem Moment übernimmt jede neue Zelle eigene Aufgaben, um diese neue Struktur zu unterstützen. Man könnte die Metamorphose der Raupe in einen Schmetterling als eine Analogie sozialer Transformation verstehen. Personen und Projekte, die den Samen der Zukunft in sich tragen sind imaginär, weil sie Aspekte künftiger Wirklichkeit in sich tragen. Aber die Verwandlung der Gesellschaft geschieht nicht automatisch wie bei der Raupe, bei der ein formendes Feld oder eine höhere Form von Intelligenz wirksam wird. In der Gesellschaft muss jeder selbst entscheiden, ob er aus der passiven Opferrolle oder dem Mitläufertum aussteigen möchte und kreativ werden will. Solange aber das Individuum sich nur um sich selbst dreht, passiert keine gesellschaftliche Veränderung. Wir müssen uns aktiv darum kümmern, eine Schmetterlingszukunft zu gestalten. Wir vom Hof spüren immer wieder, wie der Keim der Veränderung zu wachsen beginnt. Fast täglich werden wir mit Anfragen von engagierten jungen Menschen überhäuft, die ein Praktikum, ein Freiwilliges Soziales Jahr, eine Ausbildung in der CSA beginnen wollen oder einfach mithelfen möchten.

Wir hoffen, dass sich auch auf der CSA Mitgliederversammlung am Dienstag, den 7. Juni um 18:00 Uhr, dieser Geist der Veränderung in den Mühen der Ebene entfalten kann. Das vergangene Jahr war dadurch gekennzeichnet, dass wir sowohl eine gute Versorgungslage erreichten, aber auch erstmals aus eigener Kraft ohne zusätzliche Kredite wirtschaften konnten. Danke auch an alle Mitglieder, die wieder in unterschiedlichem Umfang besonderen persönlichen Einsatz zeigten. So konnte der neue Abholraum mittlerweile nach dem biblischen Motto "es werde Licht" und "es ward Licht" von unserem verdienten Mitglied Jürgen aus dem Tohuwabohu erlöst werden.

Am Freitag den 3. Juni 18.00 Uhr findet bei uns die Veranstaltung „Alternative Formen der Landwirtschaft" statt. Alle Mitglieder sind herzlich eingeladen. Auch der Landrat wird zugegen sein.

Zum fünfjährigen Bestehen unserer CSA werden zwei neue wunderschöne Bücher erscheinen. Einmal die Vogelstudie von Rolf Hammerschmidt mit fantastischen Aufnahmen (nachträglich hat sich auf dem Esch noch ein Feldlerchen Pärchen angesiedelt) –

und das vielseitige Kochbuch unserer Mitglieder mit besonders leckeren Rezepten.

Herzliche Grüße
vom CSA Hof Pente

JULI

Die Götter der Liebe
Wüsste ich nur ob sie schätzen
Welches Herz sie besitzen
Wüsste mein Herz
Welchen Pfad sie beschreiten
Ob sie ihn meistern
Oder eher scheitern
Selbst der Liebe Götter irren
Verlieren sich in Liebeswirren

Ibn Arabi (1165 Murcia – 1240 Damaskus)

Weil der alte Wettergott Petrus den Mai verschlafen hatte, schleuderte der noch ältere Donnergott Donar Anfang Juni mit voller Macht Blitz, Donner, Regen und Hagel auf die sehnsüchtig nach Lebenskraft dürstende Mutter Erde. 20-30 l Wasser pro Stunde und Quadratmeter wurden von Erde und Pflanzen aufgesogen. Nährstoffe lösten sich, die Leitungsbahnen der Pflanzen pulsierten, die Blätter streckten sich. Der auf Sonnenenergie setzende Stickstoff entfaltete seine Stärke. Dunkelgrüne Chloroplasten verwandeln nun die Kraft der Sonne in Wurzeln, Samen und Früchte. Nach der Maiendürre konnten sie sich im letzten Moment doch noch ausbilden. Die Kartoffelbabys werden von der Mutterknolle und den Wurzeln gesäugt und damit vor dem Verkümmern gerettet. Doch die Schleusentore des Himmels verklemmten sich und der Regen fand zunächst kein Ende. Die dramatischen Planungen für eine Arche konnten so schnell nicht umgesetzt werden, weil Noah im Internet keine konkrete Bauanleitung hinterlassen hat.

Bedingt durch Verdriftung nach Westen aufgrund der Großwetterlage, wurde unsere hiesige Vogelwelt in diesem Frühjahr durch Weißstorch, Schwarzmilan, Drosselrohrsänger, Rohrschmirle und Trauerfliegenschnäpper aus Polen bereichert. In der begeisternden Vogelstudie von Rolf Hammerschmidt hat der Naturforscher einen einmaligen CSA Sangeswettbewerb mitbekommen: „Es war so ein typisch lauer Abend, kein Lüftchen regte sich: `Orchesterzeit!´ Die Anzahl der

singenden Männchen hat erneut zugenommen, zu unserer Freude überwiegend Rotkehlchen, Zaunkönig, Buchfink und Mönchsgrasmücke. Die an der Grenzlinie und in einer etwas tieferen Zone im Wald anwesenden Vögel schickten ihre besten Sänger zum Wettstreit auf die Bühne am Waldweg: wir schüttelten fast ungläubig den Kopf: Insgesamt 112 Sänger wurden ausgemacht! Es war für uns neu, zu erleben, dass sich alle (?,!) Sänger eines Waldes zum gemeinsamen Konzert an der Grenzlinie einfinden!" (Vogelvielfalt und Insekten auf dem CSA Hof Pente)

Fast haben sich die Erdbeeren in schwimmende Wasserbeeren verwandelt. Wem sich beim Erdbeerpflücken der Eindruck aufdrängte, uns sei an einigen Stellen eine gentechnisch veränderte Neuzüchtung aus Ampfer, Disteln und Quecken (ADQbeere) gelungen, den können wir beruhigen. Dem ist nicht so. Unser Gartenteam hat alles gegeben. Aber manchmal ist die Natur stärker und die Arbeit wächst über den Kopf. Aufruf! Wer sich künftig an einem Kommando Spezial Kräfte (KSK) beteiligen oder es gar gründen möchte, kann sich bei Julia melden. So wäre ein „KSK-Beerenfrüchte" sicher sinnvoll, um den Urinstinkt auszuleben, das Böse auszurotten und dem Guten eine Chance zu geben und damit endlich eine moralisch hochwertige und praktisch sinnvolle Alternative zum langweiligen „Tatort" zu finden.

Der Garten erforderte besondere Aufmerksamkeit, um zwischen den himmlischen Sturzbächen noch ein Zeitfensterchen für Aussaat, Pflanzung und Beikrautregulierung zu finden. Der matschige Boden ist kaum befahrbar, so dass tausende der vermehrten Jungpflanzen in ihren Minitöpfchen auf ihren Einsatz warten. Werden sie nicht bald erlöst, so stellen sie aus Protest ihr Wachstum ein wie der kleine Blechtrommler Matzerath. Nach dem Motto „Geiz ist geil" konnten sich die Tomaten durch konsequentes Ausgeizen auf ihre Fruchtbildung konzentrieren. Die ersten köstlichen Gurken erschlängeln sich den Weg auf die Frühstückstische. Kartoffeln, Sommerweizen und Winterroggen haben sich prächtig entwickelt. Aber noch sind sie bedroht. Kartoffelkäfer, Kraut- und Knollenfäule, Getreiderost, Wicke und Ackerwinde warten auf ihre Gelegenheit. Einen Teil unseres Winterroggens haben wir wickenbedingt bereits als Silage eingemacht und ihn durch den Anbau von Buchweizen ersetzt, der in der Lage ist, üppiges Beikraut zu unterdrücken und der auch eine prächtige Bienenweide bilden kann.

Die „Amerikanische Faulbrut" hat erneut zugeschlagen und einen Sicherheitszirkel zur Folge, der fast bis an unseren Hof reicht. Aus aktuellen EU Dokumenten geht hervor, dass die Agrargift-Industrie sich bemüht, pestizidresistente Bienen zu züchten. Wo bleiben dann die wilden Bienen, Hummeln, Schmetterlinge und andere Insekten? Dieses neue Verfahren wird derzeit an der Universität Düsseldorf entwickelt (www.stopptgennahrungsmittel.de). Folgende Gedanken zur Biene stammen von Florian Werner und wurden uns dankenswerterweise von Hermann König übermittelt. Welche politische Ordnung im Bienenstaat herrscht, darüber bestand lange Uneinigkeit. Aristoteles vertrat die Ansicht, es handele sich um eine matrilineare Monarchie: Das Volk schart sich demnach um eine allmächtige Königin, die sich von einem Harem willfähriger Drohnen begatten lässt und den einfachen Arbeiterinnen sagt, was zu tun ist. Im 18. Jahrhundert beschrieb der Philosoph Bernard de Mandeville die Bienen als prototypische kapitalistische Subjekte: nur persönliche Laster und Selbstliebe trügen zum Gemeinwohl bei, indem die Bienen egoistisch Blütennektar sammeln, bestäuben sie unfreiwillig die Blüten. Alles falsch, meint nun der amerikanische Bienenforscher Thomas D.

Seeley: Die Königin entscheide im Bienenstock gar nichts, sie sei nur die oberste Eierproduzentin. Honigbienen handelten auch nicht aus Selbstliebe, sondern träfen kollektiv und gleichberechtigt ihre Entscheidungen. Im Bienenstaat herrscht also wabenechte Demokratie.

Das zeigt sich besonders an der graswurzeldemokratischen Art und Weise, wie jener Teil des Bienenvolkes, der alljährlich im Frühjahr mit der alten Königin den Stock verlassen muss, der nächsten Generation zu Platz macht, bzw. ein neues Zuhause sucht. Spezielle Kundschafterbienen schwärmen aus und begutachten in allen Himmelsrichtungen potentiellen Wohnraum. Mit komplizierten Schwänzeltänzen, gegen die sich jeder höfische Gesellschaftstanz ausnimmt wie grobmotorisches Trampeln, teilen sie den anderen ihre Ergebnisse mit. Diese überprüfen die Vorschläge und bringen Gegenmeinungen ein. Erst wenn eine einstimmige Entscheidung getroffen wurde, machen sich 10.000 Individuen gemeinsam und einmütig auf den Weg.

Jürgen Habermas dürfte begeistert sein: wohl keine andere Tierart verkörpert das von dem Philosophen entworfene Konzept der „Diskursethik" so überzeugend wie die Honigbiene. Die Insekten treten in einen offenen und vernünftigen Austausch. Ihr Diskurs ist herrschaftsfrei, jedes ihrer Argumente begründ- und kritisierbar. Und zu guter Letzt gelangen die Diskutanten zu einem von allen getragenen Konsens: Es herrscht, wie in der von Habermas entworfenen „idealen Sprechsituation", der „eigentümlich zwanglose Zwang des besseren Argumentes".

Wenn Ihr also eine kollektive Entscheidung zu treffen habt, fragt Euch zuerst: Wie würde ich handeln, wenn ich eine Kundschafterbiene auf Bauplatzsuche wäre? Und wenn sich wieder einmal eine Biene in Eurer Bluse oder den Birkenstock Sandalen verirrt - schlagt sie nicht gleich tot. Weist ihr lieber mit einem freundlichen Schwänzeltanz den Weg zur nächsten Blüte.

Am 7. Juni ermutigte unsere diesjährige Mitgliederversammlung zum engagierten Weitermachen. Mitglied der ersten Stunde und jetziger Steuerberater der CSA, Kai Brickwedde, stellte das Ergebnis des Wirtschaftsjahres 2015/16 und die Planzahlen für 2016/17 vor. Die einzelnen Positionen erläuterte er anhand anschaulicher Grafiken, die er in seiner Freizeit für die CSA Mitgliederversammlung entwickelt hatte. Erstmals konnte ein ausgeglichener Haushalt ohne Neuverschuldung vorgestellt werden - allerdings mit sehr bescheidenen Mitteln für die Arbeitenden zu ihrer Lebensführung. Bereits in der ersten Bieterrunde für das neue Jahr wurde von den Mitgliedern der neue Haushalt gedeckt. Das bedeutet allerdings noch nicht die Finanzierung dringend notwendiger Investitionen, wie zum Beispiel die Erweiterung der völlig überforderten Entwässerung und der teilweise unzureichenden Elektroversorgung.

Um ein Meinungsbild für die künftige weitere Entwicklung zu bekommen, wurde der Vorschlag des Bio-Milchviehbetriebs Aumund vorgestellt, in Kooperation mit der CSA auch Milchprodukte wie Butter, Trinkmilch, Joghurt und Käse aus regionaler Herkunft und in handwerklicher Qualität zur Verfügung zu stellen. Mehr als 90 % der anwesenden Mitglieder sprachen sich für die weitere Ausreifung dieser Idee aus.

Übrigens ist die Lage der konventionellen Milchbauern dramatisch geworden. Der Preis von Rohmilch ist nach dem Wegfall der Kontingente von 0,43 € auf 0,19 € pro Liter gefallen. Nur die Biomilch ist auf ihrem alten Stand geblieben. Vielleicht stehen demnächst die Milchkühe an der Kasse von Lidl und sagen resigniert: „Für den Preis können wir sie selbst nicht mehr machen". Wie heißt es doch sinngemäß: „Erst wenn die letzte Kuh geschlachtet ist, werdet ihr merken, dass man Milch nicht downloaden kann." Wie steht es um ein Land, das seine Bauern nicht mehr ernähren kann?

Ebenso wurde in der Mitgliederversammlung die aktuelle Diskussion um das Schreddern der männlichen Küken (Bruderhahn-Initiative) auch aufgegriffen. Es gibt zwar Zwei-Nutzungs-Hühner. Aber diese haben eine nicht so gute Futterverwertung und legen daher weniger Eier. Bei gleicher Eierversorgung müssten wir also etwa 30 % mehr Hühner halten und hätten höhere Futterkosten. Auch bräuchten wir mehr Stallraum. Allerdings bestünde dann die Möglichkeit, zusätzlich noch fleischige Hähnchen zu mästen. Mehr als 90 % der Mitglieder waren der Meinung, wir sollten die Bemühungen der Bioverbände um alternative Zwei-Nutzungs-Hühner weiter verfolgen.

Um potentielle Hühnerdiebe abzuschrecken, haben wir mittlerweile unser altes Werkstattradio in der Nähe des Hühnervolkswagens aufgestellt. Es wurde allerdings noch nicht wirklich erfolgreich benutzt. Tobias ist die Vorstellung zuwider, dass die Hühner Arm in Arm mit Fuchs und Marder nach fröhlichem Walzerrhythmus schunkelnd - moderiert von Florian Silbereisen - den Hühnern den Kopf verdrehen, bevor sie ihnen den Hals umdrehen. Allerdings hat die SEK A (Sondereinsatzkommando Arno) durch heroischen Zweikampf mit einem angriffslustigen Marder möglicherweise ein Hühnerblutbad verhindert. Die Altenteilerinnen werden nun geschlachtet, die Ställe gründlich gesäubert und 225 Lohmann braun eingestallt.

Unsere Friesen bilden sich derzeit durch den Einsatz unseres Mitgliedes Tanja Ladda fort. Pferde sind Fluchttiere. Ihre einzige Chance in gefährlicher Umgebung zu überleben (eigentlich überall) besteht darin, mögliche Gefahren rechtzeitig zu wittern und Hals über Kopf abzuhauen. Diesen Fluchtinstinkt zu desensibilisieren und zugleich Vertrauen aufzubauen ist Grundlage für die Arbeit mit Pferden. Sie müssen z.B. lernen, dass ein Regenschirm, der sich ihnen nähert, nicht bedrohlich ist, oder eine Umrundung mit dem Klappersack keine Gefahr darstellt. Bella wollte aber unbedingt wissen, was dieser klappernde Sack enthält und ließ nicht locker, bis Tanja ihn öffnete - Kinderbauklötze. Nun aber wollte Diego seiner neugierigen Freundin nicht nachstehen. Bei der Übung mit einem bollerigen knisternden Sack ging Anja-Grace voran und Bella patschte mutig mit einem Vorderhuf mitten auf den Papiersack. Diego beobachtete die Gefahrenlage sehr genau und folgte dann unerschrocken. Eine kurze Anmerkung zum Thema EM, damit nicht der falsche Eindruck entsteht, wir würden uns mit diesem wichtigen Lebensthema nicht auseinandersetzen. Unser Frise Diego hatte eine Störung in der Darmflora, die sich in verstärkter akustisch wirksamer Biogasproduktion äußerte. Die Rettung war EM, die Kultur der „Effektiven Mikroorganismen". Sie haben gesiegt!

Von der langen Liste unserer Hofprojekte haben wir zunächst die überfällige Kühlraumerweiterung umgesetzt. Die Lagerkapazität des zweiten Kühlraumes wurde verdoppelt. Das alte gebrauchte Kühlaggregat war sowieso völlig überdimensioniert, so dass es die neue Kapazität locker schafft.

Der alte Kramer 1014 soll künftig das museale Rückgrat für die schweren Lade- und Zugarbeiten bilden. Dieser seltene Oldtimer (Baujahr 1978) gilt als bester Zwei-Richtungs-Traktor seiner Zeit. Er wird zwar nicht GPS gesteuert, oder wie Rudi S. vielleicht sagen würde durch untersonnige Erdtrabanten, sondern durch ein sonniges Gemüt. Wir haben ihn überholt, damit er die TÜV Prüfung bestehen konnte und wir haben sogar für ihn in den Tiefen des Westerwaldes den Original-Anbauhecklader gefunden, der damals schon 20 000 DM kostete, 3 t heben kann und nur 20 mal gebaut wurde.

Einen Tag vor der Abstimmung der EU-Kommission über die weitere Zulassung des gefährlichen Pflanzengiftes Glyphosat irritierte ein Gremium (JMPR) der Weltgesundheitsorganisation (WHO) mit der Behauptung, dass dessen Rückstände in Lebens-mitteln doch nicht krebserregend seien. Nachforschungen ergaben, dass sowohl der Vorsitzende als auch sein Stellvertreter dieses Verblödiums führende Positionen im International Life Science Institute (ILSI) bekleiden. Dieses Institut wurde von dem Glyphosathersteller Monsanto mit einer Spende von 500 000 US-Dollar bedacht. Auch Crop Life International (außer Monsanto auch Dow und Syngenta), sowie auch Coca Cola, Mars und Kraft Foods ließen sich nicht lumpen (The Guardian v. 16.5.2016). Ebenso bemerkenswert ist auch, dass diese „Experten" auch die Europäische Behörde für Lebensmittelsicherheit (EFSA) „beraten", sowie das Bundesforschungsinstitut für Ernährung und Lebensmittel. Wer stoppt diesen Irrsinn?

Unser Sommerfest fiel durch den GröWaZ (größten Wolkenbruch aller Zeiten) buchstäblich ins Wasser. Feuchtfröhliche Kinder warfen sich vergnügt in die Wasserlachen im überfluteten Rasen. Währenddessen die Erwachsenen mit Sandsäcken, Eimern, Decken und Besen hantierten, um die sich in rauschende Gebirgsbäche verwandelnden Wege zu begrenzen und die gefluteten Abhol- und Küchenräume zu befreien. Ein himmlischer Taufgruß zum 5jährigen Bestehen der CSA. Ludwig MzB heizte den Lehmbackofen für die knusprigen Köstlichkeiten ein, Bernd Krümberg zuckelte mit seinem allhufgetriebenen Pferdewagen und fröhlichen Mitgliedern durch die Gegend Chrischan Sperber sorgte für fetzige Klampfenstimmung usw. … vielen Dank an alle!

Sascha Kühnert wurde für seine Facharbeit in Physik mit dem Riegel Preis der Universität Oldenburg ausgezeichnet. Er untersuchte im Bereich der Thermoelektrik, wie durch ein Peltier-Element (Ab-) Wärme in Strom verwandelt werden kann.

Unsere Gärtnerin Anja legte mit Bravour die Gesellenprüfung im Gartenbau ab. Herzlichen Glückwunsch! Nach wenigen Tagen vermissen wir schon ihre freundliche, kompetente und hilfsbereite Art, mit der sie unser Gartenteam bereichert hat. Aber sie hat schon angedeutet, dass sie vielleicht bald wieder wehmütig in unseren Garten zurückkehren könnte.

Mit den besten Sommerwünschen
Euer Team vom CSA-Hof Pente

AUGUST

Verachte die Menschen
Und liebe sie.
Sie sind Teufel.
Aber in ihnen
Kannst du auch Gott begegnen.

Dag Hammarskjöld

Die alten versoffenen Wettergötter hatten sich in der Schöpfungsgeschichte verirrt und waren bis Mitte Juli nicht in der Lage, das Land von den Wassern zu scheiden. Immer wieder spülten himmlische Sturzbäche zur Verzweiflung der Gärtner die frisch gelegten Gemüsesaaten von ihren Dämmen. Heftige Hagelschauer zerfetzten die zarten Jungmöhren. Bis die Sonne ihre Geduld verlor und die sich jagenden Wolken auseinander trieb, um die Erde endlich ein wenig mit ihrem strahlenden Lächeln verwöhnen zu können.

Die Schweine nutzten die feuchte Gelegenheit, um sich in ihren gemütlichen Hütten luxuriöse Indoor-Swimmingpools zu bauen. Insbesondere unser Bunter Bentheimer Herkules genoss die unendlichen Möglichkeiten der Schlammsuhle und zeigte allen Vorüberziehenden, wie wahre Tiefenentspannung aussieht. Yoga, Alexandertechnik, Muskelrelaxation nach Jakobson…alles von Gestern, naive Vorstufen der Vollendung angesichts eines im Schlamm versunkenen Ebers, friedlich seine Hauer aus dem verschmitzt lächelnden Maul streckend, und seiner, den gestressten Menschlein milde zugewandten - jeden Buddha neidisch werden lassenden - gewichtigen Güte.

Unsere Hühner-Volkszählung, angesichts des Umzuges vom großen Hühnermobil zum Altenteil, brachte herbe, noch nicht geklärte Verluste auf dem Feld der Eierehre zu Tage. Über 100 Hühner gingen im Laufe ihrer ersten Legeperiode verloren. Und wir dachten schon, unsere Hennen hätten einen Teil ihrer Eier nach Luxemburg verschoben, um nicht steuerpflichtig zu werden. Wahrscheinlich waren sie aber aufgrund von Leistungsdruck der FDP (Federvieh Destruktions Partei) beigetreten. Nun aber, mit den neuen 225 Artgenossinnen, hoffen wir wieder auf steigende Produktionszahlen.

Wenn jemand glaubt, bei dem Anblick zebraähnlicher Wesen auf dem Hof seinen Augen nicht mehr trauen zu dürfen oder panisch befürchtet, einer plötzlichen Kontinentalverschiebung ausgesetzt zu sein, den können wir beruhigen. Die Zebradecken schützen unsere Friesen vor Lebenssaft saugenden Kreaturen wie Finanzhaien und Blinden Fliegen.

Um die Arbeit mit Zugpferden langsam weiter zu entwickeln, hat uns ein benachbarter Pferdewirt (Bernhard, den einige schon von der Sommerfestkutschfahrt kennen) angeboten, seinen erfahrenen zwanzigjährigen Halbfriesen Benny zu nutzen. Ein erster Versuch einer mechanischen Beikrautregulierung mit diesem gelassenen Wesen stimmt uns optimistisch. Außerdem haben wir bereits einen Pferdegeräteträger (Vielfachgerät) für unsere Reihenabstände umkonstruiert.

Die Grünmasse in unseren Gewächshäusern nimmt zu dieser Jahreszeit urwaldähnliche Formen an. Tagsüber vermehren sich die Zellen unter dem Einfluss des Sonnenlichts explosionsartig und strecken sich genüsslich in der nächtlichen Ruhephase. In der Biolandwirtschaft stehen wir manchmal zwischen Pest und Cholera. Ist es feuchtwarm, droht zum Beispiel den Kartoffeln der Pilz Phytophtora (Kraut- und Knollenfäule). Ist es trocken, verrichtet der Colorado Käfer sein verheerendes Fraßwerk. Trotzdem verwenden wir keine chemischen Gifte, sondern versuchen durch Pflanzenstärkungsmittel, frühzeitigen Anbau, ständige Kontrolle, Handarbeit und rechtzeitige Ernte eine hohe Qualität ohne die üblichen 25 Giftspritzungen zu erzielen. Unser neuer 25 Jahre alter Kartoffelvollernter hat seine erste Bewährungsprobe bestanden. Allerdings müssen wir noch einige technische Veränderungen vornehmen.

Bei den Gewächshaustomaten ist die Sorte Moneymaker aufgrund von Pilzkrankheiten komplett ausgefallen und musste entsorgt werden. Eigentlich hätten wir aufgrund des Namens schon drauf kommen können, dass diese Sorte für eine CSA nicht geeignet ist...

Das nach Ansicht der Welt Gesundheitsorganisation (WHO) wahrscheinlich Krebs erregende Agrargift Glyphosat darf auf Beschluss der EU-Kommission vorerst mindestens 18 Monate weiterverwendet werden. Allerdings solle man in sensiblen Bereichen wie zum Beispiel Kinderspielplätzen vorsichtig damit umgehen. Es ist schon eine sonderbare Regel, dass die Kommission kein Problem darin sieht, dass Kinder über die Nahrung vergiftet werden könnten. Der deutsche Bauernverbandpräsident hat ja schließlich mit Nachdruck kundgetan, dass die Landwirtschaft keinesfalls auf Glyphosat verzichten könne. Wer erinnert sich nicht an die großen Hungersnöte im Deutschland der sechziger und siebziger Jahre vor Einführung dieses Wundergifts, welche Millionen Bundesbürger dahin rafften? (oder wie war das damals!?) Noch heute sind die Spätfolgen in Form von chronisch vollschlanker Fettleibigkeit zu bewundern.
Ist es ein Wunder, dass die EU-Skepsis zunimmt, wenn ungewählte Polit-Kommissare, in der Regel abgehalfterte Politiker auf Versorgungsposten, ohne einen blassen Schimmer von der Materie zu haben solch weit reichende Entscheidungen treffen dürfen, die unser aller Leib und Leben betreffen?
Welchen Geistes (oder besser welcher Materie) Kind sie sind, zeigt die Karriere des ehemaligen Kommissionschefs Jose Manuel Barroso, der jetzt als Berater von Goldman Sachs, der größten Geldkrake des bekannten Universums, eingekauft worden ist. Fast hätte die Kommission auch noch beschlossen, dass die Abkommen CETA und TTIP, Ermächtigungsgesetze für Großkonzerne, auch noch von ihnen alleine in Kraft gesetzt werden können. Das hat die EU-kritische Stimmung in Großbritannien und anderen EU-Ländern offenbar in letzter Minute verhindert. Dafür guckt demnächst Lisbeth II. bedröppelt, wenn Angela I. das schottische Nationalparlament im Auftrag der EU eröffnen darf - falls sie den passenden Hut dafür findet. Brexitkater - hinterher ist man immer klüger, aber schaut dümmer aus. Aber schließlich hat Schottland gute Voraussetzungen für die ästhetische Gestaltung einer EU-Außengrenze, wenn es den Hadrianswall aus

römischer Zeit wieder reaktiviert und mit Zollhäuschen ausstattet. Armes Kleinbritannien.

Genauere Untersuchungen der EU-Politik fördern nun ans Licht, warum das aktuell beschleunigte Höfesterben im Bereich der Milchbauern durch Abschaffung der preisstabilisierenden Lieferquoten für Milch politisch gewollt ist. Die „Quoten wirken der Marktorientierung entgegen(...) Sie verhindern Effizienzgewinne, indem sie den Strukturwandel verlangsamen" (Agrarinfo 5/6 2016). Durch eine dauerhafte Überproduktion, angeheizt durch den finanziellen Anreiz zum Bau immer größerer Ställe, werden bäuerliche Existenzen vernichtet - hier und in den „Zielländern" von Billigexporten. Dort werden die kleinen Bauern in den Ruin getrieben mit dem Ergebnis einer Völkerwanderung aus Armut.

„Leicht beieinander wohnen die Gedanken/Doch hart im Raume stoßen sich die Sachen" Friedrich Schiller (Wallenstein).

Ziel dieser Existenzbedrohung durch die offizielle (Ir)realpolitik ist auch unser Juligast, der Jungbauer Salomo Otwao aus dem Dorf Kumi in Uganda. Mit Begeisterung studierte er die Organisation und die komplexe, aber nachvollziehbare Vielfalt unseres CSA Betriebes. Zum ersten Mal konnte er hier Flex und Schweißgerät beim Bau einer einfachen Bodenbearbeitungsmaschine einsetzen. Zu Hause besitzt er eine Kuh und ein Schwein sowie ein paar Hühner. Das Ansehen der Bauern ist dort sehr gering. Er muss als junger Mensch seine Geschwister und seine kranke Mutter, für die er die notwendigen Medikamente oft nicht bezahlen kann, ernähren. Sein großer Traum für die Betriebsinvestition ist eine einfache Schubkarre zur Erleichterung der Arbeit. Manch angeblich hochproduktiver Großbetrieb mag über die Kleinbauern müde lächeln. Aber, so wurde am Beispiel Kenia errechnet: wären alle Großfarmen so produktiv wie die Kleinbauern, dann wäre die landwirtschaftliche Produktion doppelt so hoch (Agrarkoordination 7/2016)! Aus ganzheitlicher Betrachtung macht es keinen Sinn, den Begriff Produktivität nur auf den Flächenertrag einer Frucht zu beschränken. Neue Studien zeigen (s.o.), dass kleine Betriebe nicht nur produktiver sind; sie nutzen die Artenvielfalt besser, erhalten die Landschaft, schaffen Arbeit und unterstützen die lokale Wirtschaft, arbeiten klimafreundlicher und halten die Gesellschaft zusammen. Weltweit werden derzeit etwa 80 % der Lebensmittel in kleinbäuerlichen Betrieben erzeugt. Die Lebensbedingungen Salomons machen deutlich, welche Chance in diesen Strukturen liegen kann, wenn sie nur ein wenig Unterstützung finden, damit die Situation auf dem Lande verbessert und Fluchtursachen beseitigt werden können.

Aber wir stecken unsere Energie statt in den Export von Schubkarren lieber in den Export von Waffen und wundern uns darüber, was auf uns zurückkommt. Und wenn solch ein Skandal aufgedeckt wird, wie der illegale Verkauf von Sturmgewehren G36 von Heckler & Koch, mit denen aufmüpfige mexikanische Bauern erschossen werden, braucht die bundesdeutsche Staatsanwaltschaft fünf Jahre, um gegen die zuständigen Ministerialbeamten zu ermitteln. Das Verfahren wurde übrigens eingestellt. Der gleiche Staatsanwalt in Stuttgart erhebt aber Anklage gegen die Autoren des Buches „Netzwerk des Todes" von Jürgen Grässlin, Daniel Harrich und Danuta Harrich, die der Staatsanwaltschaft die entsprechenden Dokumente für die Anklage übergeben hatten, wegen angeblichem Geheimnisverrat (Publik-Forum 11/2016).

Beängstigend ist, wie die Politik derzeit mit schlafwandlerischer Sicherheit in die brisantesten Fettnäpfchen deutscher Geschichte tritt. Ziemlich genau zum 75. Jahrestag des deutschen Überfalls auf die Sowjetunion beteiligen sich Pioniereinheiten der Bundeswehr am Übersetzen von starken Panzerverbänden über die Weichsel in östlicher Richtung. Springers „Welt" schreibt begeistert: „Zum ersten Mal seit dem Einmarsch der Nationalsozialisten (…) durchqueren auch deutsche Soldaten das Land von West nach Ost". Das ist noch nicht genug. Mit der geistlosen Energie eines hyperaktiven Frettchens soll die Bundeswehr das Oberkommando der Leyenspielschar an der Ostfront des neuen NATO-Kampfverbandes in Litauen gegen Russland übernehmen. Nach dem Motto: „Wir machen den Weg frei" kann sie sich da emanzipieren, wo Napoleon, Kaiser Wilhelm und GröFAZ Hitler scheiterten. Genscher und Schmidt beginnen sich im Grabe umzudrehen. Helmut Kohl erinnert sich beschämt an die hoch und heilig gegebenen Zusagen an den heute enttäuschten und entsetzten Gorbatschow, die zur deutschen Einheit und zur Auflösung des Ostblocks führten und heute von Deutschland und der NATO gebrochen werden. Wie heißt es in der NATO-Russland Akte aus dem Jahre 1997: „Eine dauerhafte Stationierung von substantiellen NATO-Kampfverbänden in den ehemaligen Staaten des Warschauer Pakts wird ausgeschlossen". Da ist es nicht gerade beruhigend, dass der deutsche Außenminister Steinmeier in Richtung der von den USA geführten NATO hilflos von „Säbelrasseln und Kriegsgeheul" spricht. An die grandiosen Fehleinschätzungen der Bundeskanzlerin hinsichtlich des Irak Krieges erinnert der jetzt vorgelegte zwölfbändige Untersuchungsbericht des britischen Unterhauses (Sir John Chilcot). Merkel versuchte damals als Oppositionsführerin mit aller Kraft, Deutschland an der Seite der USA (die verlogene Geheimdienstinformationen über angebliche chemische, biologische und Nuklearwaffen präsentierten) in den völkerrechtswidrigen Krieg hineinzuziehen. Die Folgen dieser unseligen Destabilisie-

rungspolitik, vor der damals Papst Johannes Paul II eindringlich warnte (der Westen müsse das Völkerrecht einhalten), sehen wir noch heute:
Millionen Flüchtlinge und wachsender IS Terror. Einsicht? Fehlanzeige! Im aktuellen „Weißbuch zur Sicherheitspolitik und zur Zukunft der Bundeswehr" wird grundgesetzwidrig von einem „globalen deutschen militärischen Engagement" zündelnd gezüngelt.
Nach Ostland geht unser Ritt. Die Ukraine nimmt als wichtiges künftiges? EU-Agrarland? schon mal an den NATO-Übungen teil, obwohl es kein Mitglied ist. Die Bundesregierung fördert (über HermesBürgschaften, von denen der normale Bauer nur träumen kann) dort Megamastanlagen von FinanzInvestoren, die nicht mit dem europäischen Tierschutzstandard in Einklang zu bringen sind. Eines dieser Projekte entwickelt sich für die Steuerzahler schon zum Millionen-Debakel. Billigend wird darüber hinaus in Kauf genommen, dass deutsche Bauern in der Folge mit diesem - über ein Freihandelsabkommen zollfrei importierten - Billigfleisch ruiniert werden.
Schritt für Schritt verlässt die EU ihre eigene Richtlinie zum Vorsorgeprinzip von 2001, die besagt, dass unkalkulierbare gesundheitliche Risiken von vornherein zu vermeiden sind. Eine vorauseilende Übung für TTIP? Nun wurde der Import von Lebens- und Futtermitteln mit 17 genveränderten Pflanzen zugelassen, von denen zwei sogar mit Antibiotikaresistenzen ausgestattet sind. Norwegen, welches nicht zur EU gehört, hat diesen Import untersagt. Aktuell fand man in den USA einen antibiotikaresistenten Supererreger, der sogar gegen das Reserveantibiotikum Colistin resistent ist. Im Hamburger Klinikum wurde in einer Wunde ein Bakterienstamm entdeckt, der nicht nur gegen Colistin resistent ist, sondern auch gegen das Reserveantibiotikum Carpabeneme. Can Imirzalioglu vom Institut für Medizinische Mikrobiologie des Universitätsklinikums Gießen wies darauf hin, dass es Hinweise gibt, dass diese Resistenzen von Nutztieren über Lebensmittel auf den Menschen übertragen werden können, weil dieses Antibiotikum in großer Menge bei der Mast von Schweinen, Rindern und Geflügel eingesetzt wird. Durch einen Gentransfer im menschlichen Darm könne diese Resistenz auf ande-

re Bakterien übertragen werden und einen Superkeim bilden, der dann überhaupt nicht mehr behandelbar sei (der Spiegel 23/2016).

Burkina Faso hat mittlerweile den Anbau von gentechnisch veränderter Baumwolle verboten, weil diese aufgrund von Kurzfaserigkeit qualitativ so schlecht sei, dass er die Bauern zu ruinieren drohe.

Im August endet der Bundesfreiwilligendienst von Chrissi, die sich voll in den Kinderbauernhof eingebracht hat. Darüber hinaus war sie im Gartenteam eine wertvolle Unterstützung. Ihre warmherzige Hilfsbereitschaft und wohltuende ausgleichende Ruhe wird uns fehlen. Vielen herzlichen Dank! Für ihr Zusatzstudium in Stuttgart wünschen wir viel Erfolg!

Im August wird der von einem emsländischen Bauernhof stammende Sozialpädagoge Albert seine Arbeit im Kinderbauernhof aufnehmen und gleichzeitig seine Ausbildung in der Landwirtschaft machen. Herzlich willkommen!

Burkhard wird ab September als Bufdi im Garten mithelfen.

Matthias, den sicher alle von der Brotverteilung kennen hat bei uns ein kleines Praktikum gemacht um bald in Süddeutschland ein eigenes CSA Projekt zu entwickeln. Viel Glück!

Carlos kommt vom CSA-Netzwerk in Brasilien, um hier für einige Tage Erfahrungen für die Weiterentwicklung der Kommunikationsstrukturen zu sammeln. Außerdem ist er ein leidenschaftlicher Bambuskünstler.

Julia hat nach einem Intensivkurs an der Hochschule Osnabrück erfolgreich ihre Ausbildereignungsprüfung bestanden. Herzlichen Glückwunsch!

Unser Mitglied Arthur hat seinen Sommerurlaub der CSA gestiftet und mit seinem Bagger die Hofentwässerung verlegt. Vielen herzlichen Dank!

Die besten Sommerwünsche,
Euer Team vom CSA Hof Pente

SEPTEMBER

Es ist fast unmöglich,
die Fackel der Wahrheit
durch ein Gedränge zu tragen,
ohne jemandem den Bart zu versengen.

Georg Friedrich Lichtenberg

Wilde Wetterkapriolen scheinen die Wechseljahre des anstehenden Klimawandels zu künden. Aber es wird weiter geflogen, dass die Turbinen glühen.
April, April… - Mai, Juni, Juli und August sind ausgefallen - mündet wie eine Platte mit Sprung direkt in den Oktober. Bald nimmt der Sonnenhut seinen Hut und begrüßt damit die Herbstzeitlose. Zischend löschte das Grau-Griesel-Wetter immer wieder gleißende Sonnenstrahlen. Selbst dem Mais mit seinem sonnigen Gemüt, der Wasser sehr schätzt, kamen die Tränen angesichts seiner nassen Füße. Ein transatlantisches Tiefdruckgebiet hatte Deutschland fest im Griff und führte zu einer instabilen Atmosphäre. Andererseits sickerte aus dem Südwesten feucht-warme Luft ein, die sich ebenfalls über Deutschland festsetzte. Diese Cluster lösten ständige regionale Gewittergemetzel aus. Extrem hohe lokale Niederschläge waren die Folge. Wobei sogar unsere kleine Penter Egge eine Wetterscheide bildete. Sauerstoffmangel durch Bodenverschlämmung verursachte eine großflächige Boden-Lungenembolie.
Falscher Mehltau bei den Gurken konnte nicht mehr aufgehalten werden. Auch die erwartungsvollen Tomaten litten unter dem sonnlichen Mangel. Glücklicherweise haben wir in diesem Jahr - aus Rücksicht auf die Veganer ;) - auf den Anbau von empfindlichen Fleischtomaten verzichtet. Der Pilz Phytophtora ließ

das Kartoffelkraut vorzeitig absterben und verminderte unsere üppigen Ertragserwartungen. Das Getreide darbte vor sich hin und drohte am Korn auszuwachsen. Erst Mitte August bescherte die Sonne einen pausenlosen rund-um-die-Uhr Arbeitseinsatz. Gleichzeitig mussten Zwiebeln geerntet, Getreide gedroschen, Heu gewendet und gepresst, Stroh gelagert, Mist gestreut und eingearbeitet, Zwischenfrüchte eingesät und die Kartoffelernte vorbereitet werden. Unser alter Mähdrescher bewegt sich derweil aufgrund seines fortgeschrittenen Alters vom Weg der Notwendigkeit in das Reich der Freiheit. D.h. er arbeitet nur noch, wenn er will, unter dem Einfluss von erhöhter Motivation und intensiver Pflege. Dabei lernen wir uns immer besser kennen.

Zeitweilig konnte aufgrund des Regenwetters wegen der Gefahr der Bodenverdichtung kein Schlepper den Garten befahren. Der gute alte Benny mit seinem Vierhufantrieb war manchmal die letzte Hoffnung für die mechanische Beikrautregulierung. Man merkt leider, dass er aus der Erfahrungswelt des Kutschwagen-Fahrens kommt. Er zieht kräftig an und hofft, dass es dann locker leicht läuft. Im Gartenboden arbeitet es sich dagegen dauerhaft schwer. Das frustriert. Benny steigert sein Tempo und rast immer schneller - in der Annahme es müsse doch einmal leichter werden. Übrigens, sein weißes Felltattoo, das seinen Hals schmückt wie eine Perlenkette, stammt von einem frühkindlichen posttraumatischen Belastungssyndrom. Als Fohlen strangulierte er sich fast mit einem scharfen Elektrozaundraht und konnte nur in letzter Minute gerettet werden. Bei den Pferden ist einiges an Integrationsarbeit erforderlich, um aus der Zweierbeziehung eine Dreiergemeinschaft zu machen. Die beiden Wallache hatten ihr Beziehungsverhältnis in relativ kurzer Zeit geklärt. Der gute alte Benny, ein Friesenmix, machte Diego deutlich, dass er auf die Machtspielchen keine Lust mehr hat und in Würde altern möchte. Die Stute Bella pocht jedoch auf ihre alleinige Autorität und stellt schnell klar, dass sie sich diesbezüglich überhaupt keine Vorschriften machen lässt. Diego – bis Anfang des Jahres noch Hengst gewesen - beansprucht seinerseits, dass er auch künftig die erste Geige bei Bella spielt. Pferde sind schließlich auch nur Menschen.

Immer wieder terrorisieren wir unsere Mitwelt mit den modernsten Errungenschaften der gedankenlosen Gartenwelt wie Freischneidern und Laubbläsern. Die Tierwelt wird in Angst und Schrecken versetzt, die Nervenenden von Unbeteiligten zum Glühen gebracht, wenn die pubertär bewaffneten Killerkommandos ausrücken, um auch das letzte Hälmchen und Blättchen zur preußischen Ordnung in Reih und Glied zu rufen, wenngleich unter Zerstörung der Winterquartiere unserer kleinsten Mitweltbewohner. Dabei gibt es fast vergessene Alternativen: Zum Beispiel gut gedengelte Sensen, wie uns der Dengelweltmeister Klaus Degelau in einem Kurs auf unserem Hof vermittelte. Lautlos, abgasfrei, effektiv und mit nicht zu unterschätzender Fitnesswirkung im Einklang mit der Natur tun sie ihr Werk, wenn wir intelligent und kunstvoll mit ihnen umzugehen wissen.

Unsere beiden Hühnervölker haben sich mittlerweile zu einer Leistungsgesellschaft entwickelt. Nur die Henne Sieglinde zog es vor, nicht mehr länger ein anonymes Mitglied der Massengesellschaft zu sein. Sogar den Zwang einer Zweierbeziehung versuchte sie zu überwinden. Enttäuscht musste sie allerdings feststellen, dass ihre Selbstverwirklichung durch emsige Gartenarbeit nicht auf ungeteiltes Wohlwollen stieß. Nun schloss sie sich zwecks Weiterentwicklung ihrer Karriere großen Tieren an. Sie fand

Heimstatt bei unseren erstaunten Friesen, fiel zurück in ihre Geschlechterrolle und bereitet ihnen nun durch unermüdliches Durcharbeiten ihres Strohbettes ein gemütliches Nachtlager.

Unter dem Motto: „Neue Säue braucht das Land" haben wir zur Blutauffrischung von einem Züchter zwei Bunte Bentheimer Zuchtsauen angeschafft. Übrigens von einer Reeperbahn südlich von Hamburg. Um nicht unter den Verdacht des Rassismus oder der Blut und Bodenideologie zu geraten, überlegten wir schon, das deutsche Reinheitsgebot die aufzugeben und eventuell unsere Zucht mit Angler Sattelschweinen oder Schwäbisch-Hällischen Zuchttieren zu bereichern.

Mittlerweile wurde bekannt, dass bei dem zwielichtigen Geschäft um die Wurst verurteilte Groß-Unternehmen ihre Strafen überhaupt nicht bezahlen. Dabei geht es um 338 Millionen €. Über ein Drittel entfielen auf zwei Unternehmen von Clemens Tönnies, Rheda-Wiedenbrück (Böklunder Plumrose und Könecke Fleischwarenfabrik). Der Groß-Schlachter ließ diese Unternehmen kurzerhand aus dem Handelsregister löschen. Die Muttergesellschaft haftet nicht – ätsch-bätsch (top agrar 8/2016). Weltweit scheint die Profitgier und die Verantwortungslosigkeit von Großkonzernen keine moralischen Grenzen zu kennen. Ist der Profit gefährdet, ergreifen sie die Flucht, oder künftig noch besser, sie benutzen die Politik, um Schiedsgerichte einzurichten, die ihre Gewinnerwartungen zulasten der Steuerzahler absichern sollen, so wie das bei dem Handelsabkommens CETA geplante Schiedsgericht für ausländische Investoren mit Sitz in Kanada. Wie rücksichtslos die Kanadier vorgehen, zeigen sie gerade beim Goldabbau am kolumbianischen Apaporis Fluß. Für die Ureinwohner ist dies ein heiliger Ort, für den Bergbaukonzern Taraira lediglich eine Profitquelle. Die Kanadier wollen die heiligen Berge sprengen, Millionen Tonnen Gestein abtragen und mit hochgiftiger Zyanidlauge behandeln, um das Gold auszuwaschen. Der Regenwald soll zu Gunsten von Abraumhalden und Staubecken mit giftigen Metallschlämmen vernichtet werden. Die kolumbianische Regierung hatte zwar die Region durch die Einrichtung eines Nationalparks geschützt. Der Haken dabei ist: Kolumbien hat mit Kanada und den USA ein Freihandelsabkommen geschlossen. Deshalb haben das Verfassungsgericht und die kolumbianische Regierung keinesfalls das letzte Wort. Der kanadische Konzern hat bei einem Schiedsgericht in Texas eine Klage gegen Kolumbien eingereicht mit dem Ziel, entweder genehmigen sie den Goldabbau im Nationalpark oder sie zahlen umgerechnet 14,5 Milliarden € als Schadensersatz für den angeblichen Wert des Goldvorkommens an den Konzern (Regenwald Report 2/2016).

Vor diesem Hintergrund ist es schon beängstigend, wie naiv Frau Merkel die anstehenden Freihandelsabkommen CETA und TTIP bejubelt. Ein Teil der SPD mit ihrem Vorsitzenden lähmt den Widerstand gegen diesen Unsinn indem sie bodenlos leichtsinnig erklärt TTIP käme sowieso nicht und setzt sich paradoxerweise für CETA ein. Das ist TTIP durch die Hintertür! Deshalb, wie ein Sponti sagen würde: „Was lange gärt, wird endlich Wut": Demonstration für gerechten Welthandel am Samstag, dem 17. September, in Berlin, Frankfurt/M., Hamburg, Köln, Leipzig, München, Stuttgart.

Das Kasperletheater um die Puppe, die demnächst die Interessen US-amerikanischen Kapitals in der Welt repräsentieren darf, geht munter in die letzte Runde. Man darf schon gespannt warten, ob die transatlantische Postille „Die Zeit" demnächst antiamerikanische Umtriebe wittert beim Absingen von Liedern wie: „Es trumpelt da, es trampelt hier, ein kleines Trumpeltier". Oder beim Titel „Dollar gehts nimmer" nach Hilly Billy Rhythmus. Nach einem Bericht der deutschen Tageszeitung Die Welt hat sich ein Teil unserer Konzerne entschieden; Allianz, BASF, Bayer, Deutsche Bank und Siemens schaufeln zwei Drittel ihrer Spenden den Republikanern unter Trump zu. Die Allianz AG erklärte, sie unterstützten nur Kandidaten, die „sensibel" seien für die Interessen ihres Unternehmens. Die Agrargift-Klitsche BASF ist sogar an einer amerikanischen Spendensammelstelle beteiligt (Political Action Committee).

Die Konzerne BASF, Bayer und Syngenta haben mittlerweile Klage gegen die Europäische Kommission eingereicht, die den Einsatz von hochgradig bienengefährlichen Neonicotinoiden europaweit einschränken wollen. Der Forscher Peter Hoppe, ehemals Mitarbeiter eines der betroffenen Konzerne, erläuterte die Verschleierungs-Strategien dieser Unternehmen: „Die Unternehmen argumentieren immer damit, dass ihre Studien Betriebsgeheimnisse enthalten." (Der Spiegel, Nr. 26/2016). In Kalifornien ist die Artenvielfalt in der Pflanzenwelt soweit zurückgegangen, dass die Bienen, um ihre Brut zu ernähren, ab Februar bereits mit Fleisch gefüttert werden müssten, weil es kaum Pollen gibt.

Bundeskanzlerin Merkel hat sich derweil bei deutschen Konvi-Bauern beliebt zu machen versucht, indem sie das krebsverdächtige Pestizid Glyphosat des berüchtigten Monsanto-Konzerns als unbedenklich erklärt. In Niedersachsen sind bereits 98 % des Grundwassers mit Agrargiften und Nitrat belastet. Die Stadtwerke Osnabrück haben im letzten Jahr Ökobauern in ihrem Wassereinzugsgebiet Wittenfelde zwischen Engter und Vörden gekündigt. Das Wasserschutzgebiet wird nun konventionell bewirtschaftet. Von gut unterrichteten Kreisen wird berichtet, dass dort umgehend das Pestizid Glyphosat ausgebracht wurde, welches im Verdacht steht, Krebs auszulösen. Na dann Prost - auf unsere Gesundheit!
Vom 14. bis 16. Oktober findet in Den Haag das Monsanto Tribunal statt. Einer der Initiatoren ist Olivier de Schutter, ehemals UN-Sonder-beauftragter für das Recht auf Ernährung. Monsanto gilt als Symbol für die industrielle Landwirtschaft, die durch einen massiven Einsatz von Chemikalien die Umwelt verpestet, den Verlust der biologischen Vielfalt beschleunigt und massiv zur globalen Erwärmung beiträgt. Sie werfen dem Konzern „Ökozid" als Umweltverbrechen vor (Publik Forum).
Und was macht die Bundesregierung, die auf dem Weltklimagipfel in Paris noch hoch und heilig versprochen hat, alles zu tun, um die Klimakatastrophe zu ver-

meiden? Nichts, bzw. noch schlimmer: sie legt der Energiewende, der Agrarwende, der Verkehrswende alle Steine in den Weg, welche ihnen die ewiggestrigen Lobbyisten liefern. Der grassierende Verkehrsminister Do..b.ind ist in unnachahmlich karierter Art und Weise damit beschäftigt, den Abgasskandal im Profitinteresse der Autoindustrie unter den Teppich zu kehren, während er es eilig hat, die Qualität und damit den Umweltnutzen der Bahn zu zerstören. Nachdem der Speisewagenservice weitgehend abgeschafft ist, die Autoreisezüge drastisch reduziert sind, geht es nun den Nachtzügen an den Kragen, weil diese angeblich unrentabel sind. Treffend kommentierte es die „Wirtschaftswoche": „Das ist so, wie wenn ein Supermarkt ständig verschimmelte Erdbeeren anbietet, auf ihnen sitzen bleibt und am Ende beleidigt feststellt: Erdbeeren sind offenbar out. Wir nehmen sie aus dem Sortiment".

Der Kohlemann Sigmar Gabriel will erreichen, dass die Erneuerbaren Energien bis 2025 bei maximal 45 % ausgebremst werden. Durch die Einführung eines so genannten Ausschreibungsverfahrens wird es kleineren Projekten, Bauern, sowie kleinen und mittleren Betrieben der Ökoenergien zu Gunsten der Großkonzerne unglaublich schwer gemacht. RWE plant sogar ein neues Braunkohlekraftwerk. (Windbrief Südwestfalen August 2016).

Was die heutige Informationstechnologie auch auf einem Biobetrieb bewirken kann, durften wir in den letzten Tagen erleben. Der Betrieb von Wolf Jost in Belm reinigt mit modernsten elektro-

nisch gesteuerten Anlagen unser Brotgetreide bevor es vom Biobäcker Knuf in Voltlage verbacken wird. In einem Email-Anhang zu einer scheinbaren Stellenbewerbung versteckte sich eine Schadsoftware, die nun seinen Betrieb lahm legt. Die Erpresser haben die reale Macht übernommen, leben aber selbst in der dunklen Materie der virtuellen Bitcoin Welt.

Wie aberwitzig begrenzt unser kaufdrogenberauschtes Weltbild ist, zeigt sich an der Planung der Wallenhorster Mitte. Nahezu alle Überlegungen drehen sich um Kaufen und Verkaufen nach dem Motto: ALDILIDLALDILIDLDIDLDIDLDUMM... Erfreulicherweise haben die BürgerInnnen aber die Möglichkeit, darüber am 11. September abzustimmen.

Deutschland erhält durch den EU-Abschied der Briten einen Machtschub (Time Magazin). Was geschieht nun mit dem einseitig dominierenden Englisch und der Benachteiligung des Deutschen in den Brüsseler EU-Institutionen? Immerhin ist Deutsch in vier EU-Staaten (Deutschland, Österreich, Belgien, Luxemburg) und in Südtirol Amtssprache. Während Deutsch die Muttersprache von rund 90 Millionen Europäern ist, wird Englisch nur noch in zwei Kleinstaaten: Irland und Malta, gesprochen. Außerdem hatte bisher nur das Vereinigte Königreich Englisch als Amtssprache in der EU geltend gemacht. Irland hat sich für Gälisch und Malta für Maltesisch ausgesprochen.

Es gibt noch Nachrichten, die den Sinn eines langen Atems, von Geduld und Demut illustrieren: Papst Franziskus hat Maria Magdalena 2016 nach immerhin fast 2000 Jahren zur ersten gleichberechtigten Apostelin gemacht. Aber er hat auch ein aktuelles Wunder bewirkt: Nach fünf Jahrzehnten Gewalt mit fast 250.000 Todesopfern gelang es, den Bürgerkrieg in Kolumbien durch einen Dialogprozess und Verhandlungen zwischen der FARC (Fuerzas Armadas Revolucionario Colombia) Guerilla, (ursprünglich Bauern, die für eine gerechte Landverteilung kämpften) und der Regierung zu beenden. Papst Franziskus hatte eine wichtige Vermittlerrolle bei den Verhandlungen in Havanna, Kuba, gespielt. 1999 war es schon einmal fast soweit. Die Verhandlungsergebnisse lagen weitgehend vor. Frieden „drohte". Die USA waren alarmiert. Zu der Zeit war ich (Johannes) kurz vor der EXPO- Eröffnung mit einer Pressedelegation in Kolumbien und hatte die Möglichkeit eines exclusiven Gesprächs mit dem damaligen Präsidenten Andres Pastrana in Bogota: Die USA hatten seinen Militärs umfangreiche modernste Waffenlieferungen gegen die rebellischen Bauern in Aussicht gestellt. Pastranas Dilemma: Nähme er sie nicht an, riskiere er einen Militärputsch. Akzeptiere er sie, sei der Dialogprozeß mit der FARC ernsthaft gefährdet. Das letztere geschah. Sein Nachfolger, der Scharfmacher Uribe setzte auf den militärischen Weg. Erfolgreich erfolgloses Morden. Erst tausende Tote später scheinen Vernunft, Dialog und Frieden zu gewinnen.

Zum 1. September hat das Land Niedersachsen die Eröffnung der Waldkindergartens Hof Pente genehmigt.

Am ersten September Wochenende findet bei uns der bereits traditionelle Sommerdialog mit Dialogprozess-Begleitern aus ganz Deutschland statt.

Parallel dazu wird in Berlin der vom Auswärtigen Amt geförderte Global Peacebuilder Summit durchgeführt, den auch Tobias

mit moderieren wird. Praktisch arbeitende Friedenskräfte aus verschiedenen Konfliktzonen der Erde tauschen sich aus und bilden sich fort.

Anfang September kommt der angehende Gartenbaulehrer Burkhard zu uns, um ein Langzeitpraktikum im praktischen Gartenbau auf unserem Betrieb zu machen, bevor er seine Lehramtsstelle antritt. Derweil absolviert der Gartenbaustudent Michael bei uns für drei Monate ein studienbegleitendes Praktikum. Für ein kurzes Gastpraktikum ist die Italienerin Margarita auf unserem Hof. Sie lebt in den Abruzzen in einer CSA, etwa 50 km von dem aktuellen Erdbebengebiet entfernt, auf der sich auch eine von Eltern initiierte Schule befindet.

Für drei Monate will Malwin für sein Studium ein Technikpraktikum in unserer Werkstatt ableisten.

Herzlich willkommen!

Herzliche Grüße –
Euer Team vom CSA Hof Pente

OKTOBER

Hoffnung,
ist nicht
die Überzeugung,
dass etwas gut ausgeht,
sondern die Gewissheit,
dass etwas Sinn hat,
egal wie es ausgeht.

Vaclav Havel

Nach den feucht-nervtötenden Wetterkapriolen der letzten Monate wurde Petrus in den einstweiligen Ruhestand versetzt, um sich zu erholen. Die Sonne stand auf und übernahm das himmlische Regiment. Ziemlich einseitig. Zunächst zur Freude, doch nach einigen Wochen zum Leiden der dahin trocknenden Natur. Schon ist es wieder Herbst. Flirrender Goldstaub liegt in der Luft. Chamoisfarbene Töne lassen die Landschaft im Charme alter Fotos erscheinen. Die Samensäcke der zum letzten Mal glühenden Stockrosen sind prall gefüllt. Die Muttergottesvögel fliegen - getankt mit regenerativer Mückenenergie - in den Winterurlaub. Nach alter Bauernregel gilt: „Mariä Geburt fliegen alle Schwalben furt" (8. September). Um die Zeit von Mariä Verkündigung am 25. März kehren sie zurück. Die Zeit rast dahin. Die einzige Möglichkeit, langsamer älter zu werden, ist schneller zu sein als die Zeit. Die mit 45 000 Km/h schnelle Mann/Frauschaft der am Nachthimmel dahin blitzenden Raumstation ISS schafft es, pro Jahr 0,5 Sekunden jünger zu bleiben als wir Erdlinge. Zumindest nach Einsteins Relativitätstheorie. Am Südpol - denkt man - ist es heiß; das stimmt sogar, das ist ein Sch... . In den letzten 50 Jahren sind die Temperaturen dort um zweieinhalb Grad angestiegen!

Wissenschaftler der British Antarctic Survey warnen vor dem Zusammenbruch des Riesen Eisschelfs Larsen C - und den Wirkungen auf das Weltklima.

Die Kartoffelernte erfolgte in diesem Jahr unmittelbar nach der späten Getreideernte. Schwarzer Sandstaub verfinsterte die schweißzerfurchten Gesichter der Kartoffelauslesemannschaft auf dem Kartoffelvollernter. Das Ernteergebnis war mittelprächtig, aber wird uns hoffentlich gut durch den Winter bringen. Dabei zeigte der Ansatz im Frühjahr so wundervoll knollenreiche Großfamilien. Es fehlte zur rechten Zeit an ausreichend Wodka, um sich fette Bäuche anzueignen. Der Wassermangel im September zeigt sich auch bei Sellerie, Möhren und rote Beete. Die gute Linda wurde zwar während der ausgeprägten Sommerregenzeit, die den Boden verschlämmte, durch den Oomyceten Phytophtora infestans befallen, doch die Knolle leistete anhaltenden Widerstand. Im konventionellen Anbau werden die Pflanzen in der Regel pro Saison 25 mal mit Pestiziden besprüht. Vor rund 150 Jahren (zwischen 1845 und 1852) herrschte in Irland durch diese damals neuartige Kartoffelseuche die Große Hungersnot. Von 8 Millionen Einwohnern verhungerten etwa 1 Million Menschen, weiteren 2 Millionen Iren gelangt die Auswanderung mittels der so genannten Coffin Ships (schwimmende Särge) nach Übersee. Der Pilz trat 1842 erstmals in Nordamerika auf und wanderte nach Irland ein. Seine Sporen wurden vom Wind verbreitet und gediehen in dem kalten feuchten Klima besonders gut. Durch die Eigentumsverhältnisse - das Land gehörte weitgehend englischen Großgrundbesitzern - wurden in Irland nur zwei Sorten angebaut, die beide genetisch anfällig waren. Aufgrund dieser genetischen Verarmung und einem armutsbedingten fehlenden Fruchtwechsel konnte sich der Boden nicht mehr erholen. So hatte es der auf die Kartoffel spezialisierte Krankheitserreger leicht, den Boden zu durchseuchen. „Der Allmächtige sandte die Kartoffelfäule, aber die Engländer schufen die Hungersnot." – John Mitchel, The Last Conquest Of Ireland (Perhaps) 1861. Trotz des Hungers exportierten die Landlords noch große Mengen Getreide auf das Festland.

Wir haben rund 500 Zentner Erdäpfel geerntet. Mehr als zwei Dutzend fleißige Hände sortierten die Ernte nach Aschenbrödel Art. In ihrem Lager bereiten sie sich von frischer Vorherbstluft gekühlt langsam auf ihren Winterschlaf vor. Unsere afghanischen Nachbarn konnten durch fleißiges Nachsammeln auf dem Kartoffelacker einen Pkw Anhänger voll für ihre Großfamilie ernten. Nachbarin und Mitglied Maria zeigte

ihnen, wie man Bratkartoffeln, Reibepfannkuchen und andere Kartoffelleckereien auf den Tisch zaubert und die Geschmacksknospen begeistert.

Die Gewächshäuser leeren sich. Gurken- und Tomatenstauden wandern auf dem Kompost. Lärm- und Abgasfrei zog Benny nach der Tiefenlockerung den Federzinkengrubber durch den Gewächshausboden, um ihn für die Wintersalate vorzubereiten.

Unsere neuen zugekauften Altsauen, die theoretisch, nach dem Herdbuch, die Genetik unserer bedrohten Bunten Bentheimer Rasse hätten bereichern können, machten und uns doch mehr Sorgen und Kummer als erwartet. Henriette und Wilhelmine sind in konventioneller Haltung auf Beton groß geworden und entsprechen labil, McDonaldCocaColaverfettet und muskelschlaff. Trotz liebevoller Pflege schaffte es Wilhelmine nicht mehr, ein normales Leben im Freien führen. Skelett und Muskulatur ihres schweren Körpers konnten sich einfach nicht mehr an ein abwechslungsreiches Schweineleben gewöhnen. Der überforderten Sau konnte nur noch der sanfte Übergang in die ewigen Speckgründe ermöglicht werden.
Erstmals in unserer jüngeren Praktikantengeschichte mussten drei arme geplagte Geister, die aus einer westdeutschen Großstadt kamen, schon nach eintägigem Martyrium gerettet werden. Unvorstellbare Zumutungen wie das Aufräumen der Küche, das Sauberhalten ihres Wohnwagens und körperliche Bewegung zermarterten ihre Komfortzone. Tja. Das wirkliche Leben kann Spuren von Müssen enthalten. Es gibt auch Menschen, die schon in ihrer frühesten Jugend an der schier unendlichen Weite ihres Laufställchens verzweifelten. Dazu noch die eingeschränkte Handyverwendung, welche die Daumenschwielen erzittern ließ und ihrer labilen Psyche den Rest gab. Stadt, Land, Frust. So entsteht eine neue Generation Schissburger und Couchpotatoes, massiv behindert durch ihre allzeit bereiten Helikoptereltern, welche geplagt sind von dem ständigen Selbstvorwurf einer unterlassenen Hilfeleistung. C'est la vie? Sell a vie!

Der größte Deal der deutschen Wirtschaftsgeschichte, der Zusammenschluß der Konzerne Bayer und Monsanto, ist eine Kriegserklärung an eine vielfältige, umweltfreundliche, bäuerliche Landwirtschaft. Monsanto ist die treibende Kraft hinter dem Krebsgeschwür der industriellen Landwirtschaft, die weltweit durch Pestizide und Gentechnik die Artenvielfalt vernichtet, das Trinkwasser vergiftet und die Klimakatastrophe fördert (Monsanto Tribunal). Der Chemiegigant Bayer hat ebenfalls eine „beeindruckende Geschichte" (Merkel zum 150. Firmenjubiläum), die man kennen sollte, um eine realistische Einschätzung der Skrupellosigkeit treffen zu können. Bereits der I. Weltkrieg wäre in dieser Brutalität ohne Bayer nicht möglich gewesen. Infolge der Seeblockade der Alliierten fiel der Import des Chilesalpeters (Guano Vogelkot), der als Dünger oder Sprengstoff nutzbar war, weg. Carl Bosch von der BASF und Carl Duisberg, Bayer, gaben dem deutschen Kriegsministerium das sogenannte Salpeter-Versprechen. Das heißt, die Firmen erhielten von der Regierung einen Vorschuß von 432 Millionen Reichsmark und eine Abnahmegarantie für ihren Sprengstoff Ammoniumnitrat, der in der Folge Millionen Menschen zerfetzte. Da der Krieg 1918 aus der Sicht der Konzerne vorschnell beendet wurde, machte der Staat nach dem Krieg massiv Werbung für den Einsatz dieses Stoffes als Stickstoffdünger in der Landwirtschaft, damit die Profite nicht einbrachen. Aber nicht nur Sprengstoff wurde bei Bayer entwickelt, sondern auch Giftgas, zunächst Chlorgas. Duisberg war beim Test auf dem Truppenübungsplatz Köln-Wahn begeistert: „Die Gegner merken und wissen gar nicht, wenn Gelände damit besprizt ist, in welcher Gefahr sie sich befinden und bleiben ruhig liegen, bis die Folgen eintreten". Es folgten das noch giftigere Phosgen und später Senfgas. Carl Duisberg drängte. „Ich kann deshalb nur noch einmal dringend empfehlen, die Gelegenheit dieses Krieges nicht vorübergehen zu lassen, ohne auch die Hexa-Granate zu prüfen". Das beeindruckende Forschungsergebnis: 60 000 elendig krepierende Soldaten. Denn: „Die einzig richtige Stelle aber ist die Front, an der man so etwas heute probieren kann". Der Geschäftsbereich Bayer allein reichte diesem vorbildlichen Industriellen nicht, er schloss sich mit BASF und Hoechst zur IG Farben zusammen. Nun hatte das Unternehmen die Potenz, mit massiven Finanzspritzen Adolf Hitler an die Macht zu bringen. Schon vor der Machtübertragung 1932 schloss der Konzern mit den Nazis den Benzinpakt, für den er als Belohnung 1933 die Absatz- und Profitgarantie für synthetischen Treibstoff und Kautschuk erhielt. Dies ermöglichte Hitler den II. Weltkrieg. Keine Profitgelegenheit ließen die Experten des Todes aus. Für die Judenvernichtung in den Gaskammern stellten sie über eine Tochtergesellschaft das Zyklon B her. Menschenversuche mit Impfstoffen an den Häftlingen in den KZ Auschwitz und Buchenwald durften im Portfolio des Konzerns nicht fehlen. Ebenso nicht das konzerneigene KZ Auschwitz-Monowitz. IG-Farben Vorstand Schneider: „Oberster Grundsatz bleibt es, aus den Kriegsgefangenen so viel Arbeitsleistung herauszuholen als irgend möglich". Übrigens, nach dem II. Weltkrieg versuchte die IG Farben Nachfolgegesellschaft, Brands Ostpolitik zu torpedieren, weil diese ja zur Anerkennung der polnischen Westgrenze führen und es damit keine Entschädigung für die entgangenen Gewinne in Monowitz mehr geben würde (CETA, TTIP lassen grüßen). Die IG Farben wurden nach dem Krieg aufgrund ihrer Verbrechen von den Alliierten formal wieder in Bayer, Hoechst und BASF aufgespalten, stimmten ihre Profitfelder aber eng miteinander ab. Der KZ Organisator Fritz ter Mer wurde für seine „Leistungen" mit der Position des Aufsichtsratsvorsitzenden der Bayer AG belohnt. Die meisten Agrogifte stammen aus der Giftgasforschung. Dr. Gerhard Schrader, der in der Nazi-Zeit die Kampfgase Sarin (das S steht für Schrader) und Tabun entwickelt hatte, übernahm nach dem Krieg die Pestizidabteilung bei Bayer. Auch in den USA reichte Schrader Patente für Pestizide mit hoher „Warmblüter Toxizität" ein.

Während des Vietnamkrieges produzierten Monsanto und Bayer über die gemeinsame Tochtergesellschaft Mobay das berüchtigte Entlaubungsmittel „Agent Orange", welches bis heute zehntausende missgebildete Kinder und Krebsfälle hervorgerufen hat, sowie über 20% Vietnams dauerhaft für die landwirtschaftliche Nutzung unbrauchbar machte. Experten von Bayer und Hoechst standen der US Army, als medizinische Helfer getarnt, sowie bera-

tend dem US-amerikanischen Planungsbüro für B- und C-Waffen in Saigon, zur Seite (Seymour R. Hersh, Chemical and Biological Warfare). Auf Anraten der Kammerberatung hatte ich als 18jähriger konventionell ausgebildeter Landwirt das Pflanzen-schutz?mittel von Bayer 2,4-D und 2,4,5,D im Tank. Das war das Vietnamgift, wie ich entdeckte, dass alle Berufskollegen seelenruhig versprühten. Ein Erweckungserlebnis, welches mich vom Saulus zum Paulus werden ließ. Heute schätzt die Weltgesundheitsorganisation die Zahl der Pestizidvergiftungen auf bis zu 10 Millionen. Ca. 200 000 Fälle verlaufen tödlich. Für einen großen Teil sind Bayer Produkte verantwortlich. Hinzu kommt die genetische Verarmung (siehe Irland 1845). Glyphosat ist mit seiner heimtückischen Wirkung nur die Spitze des Eisbergs.

„Fluchtursachen bekämpfen", das fordern Politiker aller Richtungen. Aber wie? Womit? Und wer soll das tun? Um Antworten auf diese brennenden Fragen zu finden, gestaltete jetzt in Berlin Tobias den „Gobal Peace Builder Summit" mit. Dieses Gipfeltreffen für FriedensstifterInnen aus aller Welt versammelte heimliche Helden aus 30 Krisenregionen der Erde. „Ich habe sonst keine Möglichkeit zum Austausch mit Gleichgesinnten", findet findet Edgar Khachatrian aus Armenien, der dort Theater- und Dialogprojekte durchführt. Dieser Erfahrungsaustausch war der entscheidende Motivationshintergrund der Zusammenkunft von Friedensarbeitern, darunter 4 alternative Nobelpreisträger. Bewegende Biografien zeigten welche Persönlichkeiten hinter der zähen und manchmal verzweifelnden Friedensarbeit vor Ort stehen. Da ist zum Beispiel Assad Shaftari aus dem Libanon, der sich von Geheimdienstchef zu einem engagierten Pädagogen gewandelt hat und nun an libanesischen Schulen Jugendliche davon überzeugt dass Konflikte nicht mit Gewalt zu lösen sind. Oder der Priester James Wuye aus Nigeria der in der Millionenstadt Kaduna evangelische Jugendverbände anführte, die sich heimlich bewaffneten. Sein Gegenspieler, der Imam Muhammad Ashafa, machte mit seinen Milizen vor 18 Jahren Jagd auf den Priester. Dabei wurde dessen linke Hand mit einer Machete abgehackt und sein Leibwächter getötet. Heute stehen die beiden Männer füreinanderein. Einer würde für den anderen sein Leben hingeben. Das Tandem James und Ashafa, Pastor und Imam, organisieren gemeinsam erfolgreiche Dialogrunden unter härtesten Bedingungen zwischen den Konfliktparteien in Nigeria. Diese Arbeit brauche mehr öffentliche Unterstützung. Unbearbeitete und eskalierende Konflikte riefen unendliches menschliches Leid und kaum zu beziffernde Kosten hervor. Immerhin interessierten sich in Berlin der Unterausschuss für zivile Konfliktprävention des Deutschen Bundestages und auch das Auswärtige Amt, welches diese Konferenz mitgetragen hat, für die Erfahrungen, Ziele und Strategien der Friedensstifter.

Vom 16.-18. September traf sich das europäische CSA-Netzwerk im tschechischen Ostrava (Mährisch Ostrau). In Europa gibt es mittlerweile 5000 CSA Initiativen, die mit etwa 1 Million EU-Bürgern die neue Essklasse bauen. Jürgen und Tobias vertraten unseren Hof, der trotz aller Bescheidenheit und Unzulänglichkeiten durch seine Kombination von Handlungspädagogik und Landwirtschaft vielen als Vorbild gilt. Mittlerweile ist auch unsere fahrbare Waldkindergartenhütte fast bezugsfertig geworden. Das Untergestell stammt von einem schrottreifen PKW Transporter, der Aufbau ist - durch tatkräftigen Einsatz von Julias Schwager Winfried - aus massivem Holzblockbohlen gestaltet worden.

Unser Mitglied Gerda Volkenhoff hat beim Fotowettbewerb „Aktionstage Ökolandbau" des Niedersächsischen Landwirtschaftsministeriums den ersten Preis gewonnen, 250 Euro. Motiv ist ein kuscheliges Aktfoto unserer Bentheimer Ferkelbande im stand by Modus. Gratulation!

Nach über zwei Jahren emsiger Arbeit für die CSA hat unserer Auszubildende Jana für die letzte Ausbildungsphase einen Demeter-Betrieb in Süddeutschland gefunden.

Für ihr außergewöhnliches Engagement stehen beispielsweise die Ausrichtung des großen Hofbasars und ein stets vorbildlich geführtes Gewächshaus. Dafür sagen wir ihr herzlichen Dank!

Zum Oktober verlässt uns der Gartenbaugeselle Helmut, um sich auf neue Herausforderungen vorzubereiten. Sowohl seine umsichtige und ausgleichende Art wie auch sein Engagement, das vor keinem Wochenende Halt machte, haben wir sehr schätzen gelernt. Vielen Dank!

Ab Oktober kehrt die Gartenbaugesellin Anja, die bei uns ihre Ausbildung abgeschlossen hat, zurück. Alessandri aus Brasilien macht seinen Bundesfreiwilligendienst bei uns. Martin wird zusätzliche Ausbildungsaufgaben für den Gartenbau übernehmen und das Team, welches noch zusätzlich aus Burkhard, Fritzi und Simon besteht, unterstützen.

Herrliche Herbstgrüße, Euer Team vom CSA Hof Pente

NOVEMBER

Optimismus ist in seinem Wesen
Keine Ansicht über die gegenwärtige Situation,
Sondern er ist eine Lebenskraft, eine Hoffnung,
Eine Kraft, den Kopf hochzuhalten, wenn alles fehlzuschlagen
scheint,
Eine Kraft, Rückschläge zu ertragen,
Eine Kraft, die die Zukunft niemals dem Gegner lässt,
Sondern sie für sich in Anspruch nimmt.
Dietrich Bonhoeffer

Goldgelb leuchten die Linden, rotgold der Ahorn, grüngelb die Kastanien, welche die Alleen säumen, die von der Morgensonne aus dem fallenden Bodennebel hervorgezaubert werden. Die Häute der Gänse schmiegen sich an fröstelnde Menschen. Bunte Schals wehen im Herbstwind. Trickreiche Viren überlisten die träge menschliche Natur, um die Macht der fast unsichtbaren Kräfte zu zeigen, welche in der Lage sind, die Nasen und wer weiß was sonst noch alles, füllen zu können. Wärmende Kuscheldecken, prasselndes Kaminfeuer und heiße Flaschen lösen Bikini und Eistee ab.

Der noch schlafende Frostriese hat sich bereits geregt und durch seinen nächtlichen Eishauch den Buchweizen und das Franzosenkraut schlaff werden lassen. Endivie und Zuckerhut auf dem Feld mussten schleunigst abgedeckt werden. Die Ernte ist in vollem Gange. Mit tatkräftiger Hilfe von Klein und Groß des Kinderbauernhofs wurden die Hokkaido-Kürbisse geerntet. Aber auch hier wie überall in diesem Jahr klein-klein. Die Masse bleibt aus. Aber dafür ist der Geschmack intensiver. Und, die Lagerfähigkeit – hoffentlich – gut. Nur die Möhre Oxhella war in 140 Tagen Wachstum bemüht, dick und fett zu werden, als ob sie gern platzen möchte. Auch der Sellerie hat etwas aufgeholt. Die Gärtner strengen sich an, entsprechend altem Erfahrungswissen möglichst kurz vor Neumond zu ernten und kurz vor Vollmond auszusäen.

Gleichzeitig laufen schon die Frühjahrsvorbereitungen an. Die Abdecknetze müssen gewaschen und verwendungsfertig aufgerollt werden. Über 100 Rhabarberpflanzen werden mit Mäuseschutzgittern versehen und neu gepflanzt.

Vorurteile halten sich manchmal lang. Das hören wir immer wieder in Zusammenhang mit der leckeren Steckrübe, die manchmal traurig ist, wenn sie als Schweinefutter bezeichnet wird. Meistens von denen, die noch nie in ihrem Leben eine Steckrübe gesehen haben. Aber Pegida ist ja auch da besonders erfolgreich, wo kaum Ausländer zu sehen sind. Stichwort Steckrübenwinter: Vor 100 Jahren, 1916/17 mitten im Ersten Weltkrieg, kam es im Deutschen Reich zu einer Hungersnot, die rund 800 000 Menschenleben forderte, weil die Regierung es versäumt hatte, entsprechende Vorräte anzulegen. In Erinnerung an den Siegeswahn von 1870/71: „Siegreich woll'n wir Frankreich schlagen", ging man von einem Spaziergang nach Paris aus. Na ja. Da aber auch die Kartoffelernte schlecht ausgefallen war, sah der Speiseplan etwa so aus: Zum Frühstück Steckrübensuppe, mittags Steckrübenkotelett, abends Steckrübenbrot. Zur Abwechslung mal Steckrübenmarmelade, Steckrübenkuchen, Steckrübenpudding, Steckrübenauflauf… Als Kaffeeersatz gab es geraspelte, im Ofen getrocknete Steckrüben, die durch die Kaffeemühle gedreht wurden – fertig. Da kommen wahrscheinlich selbst die härtesten unserer CSA Kochclubmitglieder ins Grübeln.

16 Bienenvölker wurden von Martin erfolgreich eingewintert. Endlich gibt es Ferien für die Putzfrauen, Portiers, Soldatinnen, Diätköchinnen, Hofdamen, Wachsfabrikantinnen, Maurerinnen, Architektinnen, Fernaufklärerinnen, Wärme- und Kältetechnikerinnen (begrenzt), Nahrungschemikerinnen, Pflanzenzüchterinnen und Nachrichtensprecherinnen.

Endlich haben sich auch unsere Pferde soweit zusammengerauft, dass ihre gemeinsame Koexistenz auf der Weide möglich ist. Diego und Benny kommen allein zu zweit ganz gut klar, aber sobald Bella in der Nähe ist, muss Diego klarstellen, zu wem Bella gehört. Sobald Bella es auch nur wagt, mit ihren dunklen Augen, Benny einen kessen Blick zuzuwerfen, galoppiert Diego drohend auf Benny zu. Als ich in einer solchen für den armen Benny bedrohlich wirkenden Situation Diego streng zur Ordnung rief, kam er sofort auf mich zu, gab mir einen Kuss auf die Hand, sah mir tief in die Augen und sprach: „Es tut mir leid, aber du siehst doch hoffentlich ein, dass ich ihn verjagen muss." Offene Zweierbeziehung ist wohl nix für ihn. Dario Fo lässt aus dem Himmel grüßen. Bella beginnt gerade ihr erstes Semester in Zugpferdetechnik. Schnell hat sie gelernt, dass klappernde Ketten an ihrem Bein noch lange keine gefährlichen Klapperschlangen sind. Auch, dass die hinter ihr scheppernde Wiesenschleppe kein sie verfolgender Säbelzahntiger ist, vor dem sie schleunigst Reissaus

nehmen muss. Vertrauen ist ein kostbares Gut, welches sich Tier und Mensch hart erarbeiten müssen. Noch aber haben wir sicherheitshalber die angehängte Last mit einem Notlösehaken vom Wasserski versehen, damit diese bei Panik abgeworfen werden kann. Bella hat auch gelernt, dass sie beim Widerstand auf ihrem Brustblattgeschirr nicht gleich aufgeben darf, sondern sich nur etwas mehr ins Zeug legen muss. Stolz erkennt sie, welche Kraft sie hat und welche neuen Muskelpartien so trainiert werden, dass sie sich auf der Weide – und auch unterm Sattel - mit noch anmutigerer Eleganz bewegen kann.

Wieder gibt es durch vereinzelte Luftangriffe Ausfälle bei unseren Hühnervölkern. Was tun? Wie im Zweiten Weltkrieg, als gegen feindliches Radar Stanniolstreifen eingesetzt wurden, hat Albert Flatterbänder aus altem Zigarettenpapier aufgehängt. Zusätzlich sollen Bundeswehrtarnnetze den geflügelten Eierlegerinnen Schutz bieten. Es hat sich herausgestellt, dass das geflügelte Wort „dummes Huhn" wohl nicht so ganz zutreffend ist. Forscher im australischen Sydney gehen davon aus, dass Hühner viel schlauer sind als gedacht. Die Verhaltensforscher wollten herausfinden, über was die Hühner überhaupt reden, wenn sie den lieben langen Tag herumgackern. Die Hühner einer Versuchsfarm wurden mit Funkmikrofonen ausgerüstet und mit Kameras beobachtet. Ergebnis: Die Hühner tauschen sich über das aus, was im Stall passiert. Sie haben differenzierte Signale, etwa für Fuchs und Habicht. Sie sind, anders als manche Menschen, in der Lage, sich in andere Artgenossen hineinzuversetzen und Mitgefühl zu entwickeln. Sie entscheiden, wie manche Menschen, ob sie ihr Wissen weitergeben oder lieber für sich behalten. Die Henne 007 war sogar fähig, Türschlösser zu knacken, hinter denen ein Hahn eingesperrt war. Na dann prost – ein blindes Huhn trinkt auch mal nen Korn.

Haben Tiere sogar eine Seele, wie Aristoteles annahm? Die schrecklichen Tierbilder, die von engagierten Kameraleuten aktuell in den Ställen führender Funktionäre der bundesdeutschen Agrarindustrie gemacht und im deutschen Fernsehen gezeigt wurden, machen deutlich, dass dies keine Fragestellung ist, welche diese „moderne Art" von Landwirtschaft bewegt.

Wir haben es mit einer Verrohung der Gefühlswelt zu tun, die keine Antennen mehr für die Schmerzsignale der Tiere hat. Der fleischfressende Mensch überschminkt das Kainsmal des Tiertöters rosig an der Fleischtheke des Schnäppchenjägers aus der farbigen Wochenendbeilage. In einer Art Verdrängungs- und Übersprungshandlung verhätschelt er dafür sein Haustier: Pinkelnde Pinscher im März mit Nerz ohne Herz krabbeln auf dem Kudamm, watschelnde Dackel wedeln im Trachtenlook über den Stachus, schnüffelnde Möpse glotzen mit falschen Wimpern auf der Kö, trottende Beagle-Snoopys wackeln im Brillantkollier zum Hirn-defrisier-salon.

Die Präsidentin des Umweltbundesamtes, Maria Krautzberger, fordert im jüngsten Jahresbericht ein Umdenken von Politik und Verbrauchern. Die globale Modeindustrie produziere immer mehr kurzlebige Waren. Für 2 kg Baumwolle werde eine Badewanne voll Wasser verschwendet. Ein T-Shirt lege rund 20 000 Kilometer zurück. Der Staat fördere für 50 Milliarden jährlich umweltschädliche Verkehrsprojekte. (NOZ v. 14.10 2016). Der Weltklimagipfel war ja nur so 'ne Idee. Nicht wirklich ernst gemeint. Wie sonst könnte man sich kurz danach auf dem Gipfel der Unvernunft (G 7) dem Treffen der Alzheimer, darauf einigen, dass das Wirtschaftswachstum, gemessen am Bruttosozialprodukt, ohne Rücksicht auf das Klima die wichtigste Aufgabe sei. Auch das politische Klima bedarf der Pflege.
Willy Wimmer, ehemaliger Staatssekretär im Bundesministerium für Verteidigung (CDU), schreibt in seinem aktuellen Buch (Die Akte Moskau): „Heute unternehmen die USA alles, was in ihrer Macht steht, die Konfrontation in Europa mit der Russischen Föderation auf die Spitze zu treiben." Ihr willigster Lemming, Ursula von der Leyen, bemüht sich bereits fleißig, die Lunte zu zünden. „Bundeswehr schickt Panzer nach Litauen." (NOZ v. 28. 10. 2016)
Aber das reicht dem Pentagon noch nicht. Kurz nachdem 140 Menschen auf einer Trauerfeier in der jemenitischen Hauptstadt Sanaa von einer Bombe „amerikanischer Bauart" (dpa) getötet wurden, eröffnet der US-Zerstörer „Mason" völkerrechtswidrig das Feuer auf das jemenitische Festland, um die dortigen Radaranlagen zu zerstören; angeblich, weil sie von den Flinten der Huthi Rebellen beschossen worden seien. Das erinnert an den Tonkin Zwischenfall 1964, als angeblich nordvietnamesische Fischerboote US-Kriegsschiffe beschossen hätten (stellte sich später als erlogen heraus) und die USA als „Vergeltung" den größten Bombenkrieg aller Zeiten über das kleine Vietnam vom Zaune brachen. Offenbar geht es den USA aktuell darum, die Saudis, ihren engsten wahabitisch-islamistischen Verbündeten, zu unterstützen. Sie sollen den USA zuliebe den Öl-

preis solange niedrig halten, bis die Volkswirtschaften ihrer Gegner (Rußland, Iran, Venezuela) völlig ruiniert sind und dort Unruhen (mit dem Ziel eines „Regime Change") ausbrechen (siehe Afghanistan, Libyen, Syrien, Irak). In diesem Zusammenhang ist auch die Kurzmeldung der Tagesschau interessant: Nach 13 jährigem juristischen Kampf ist es Angehörigen der Opfer der Anschläge vom 11. September 2001 gelungen, Einblick in die von der US-Regierung als streng geheim gesperrten 28 Seiten des Untersuchungsberichtes der 9/11 Kommission zu bekommen. Danach waren nicht nur 15 der 19 Attentäter Saudis, auch die Finanzierung erfolgte mit großer Wahrscheinlichkeit durch „Personen die in enger Verbindung mit der saudischen Regierung" standen („Riads undurchsichtiges Spiel mit dem Terror", Tagesschau.de).

Werden Donald II (Donald Duck I), oder Hillary, der Deutschen und der Wallstreet Hoffnung, etwas ändern? Donald T. muss sich um seinen Hormonhauhalt kümmern, Hillary C. hat zuverlässig den völkerrechtswidrigen, verlogenen Irakkrieg unterstützt und Cheryl Mills, ihre ehemalige Stabschefin und Vertraute, sitzt im Blackrock Aufsichtsrat. (Blätter für deutsche und internationale Politik 11/2016) Darüber steuert sie die Krise der Deutschen Bank und die Fusion von Bayer und Monsanto, damit die Verpestizidisierung und Patentierung der Landwirtschaft weltweit ihrer monetären Vollendung entgegen sinkt.

Wie wir aus der komplexen Raumzeitwelt der Physik wissen, stecken riesige Kräfte im Schwarzen Loch. Damit meinen wir nicht die schwarze Totenkopf SS oder die mietbaren Killer vom Blackwater Konzern, die gern von Staaten wie den USA für ganz schwarze Blut-Einsätze gemietet werden. Black-Rock, der Schwarze Fels, ist mit 4.700 Milliarden Dollar der größte Vermögensverwalter der Welt. Ohne eine Bank zu sein und Rechenschaft abzulegen, ist er Großaktionär in allen 30 DAX Konzernen, von Allianz über Deutsche Bank und Bayer bis hin zu VW. Er spekuliert nicht mehr auf den Aktienkurs. Er macht ihn! Ab 50 Millionen kann man dabei sein. Diese nichtsnutzigen Finanzungeheuer verschärfen mit „finanziellen Massenvernichtungswaffen" den „Weltkrieg der Reichen gegen die Armen" wie es der Spekulant und Milliardär George Soros formulierte.

Gründlich blamiert haben sich die Politiker wie Merkel und Sigmar Gabriel, die das Handelsabkommen CETA ohne Wenn und Aber durchdrücken wollen. - Ganz Europa ist durch die Römischen Verträge gefesselt. Ganz Europa? Nein! Ein kleines Land ist noch widerspenstig und fordert ein klein bisschen Demokratie statt Konzerndiktatur nach dem Motto: Friss oder stirb! Das kleine Wallonen-

völkchen zeigte, wie man mit ein wenig Rückgrat erreichen kann, dass die umstrittene Schiedsgerichtsklausel vom Europäischen Gerichtshof überprüft werden muss, sowie für die eigene Landwirtschaft eine Schutzklausel erreicht wird. Ein kleiner Sieg für Asterix, der bloß stellte, dass die Mehrzahl der politischen Mollusken nur schwerlich der Gattung der Wirbeltiere zuzuordnen sind, bei gänzlich fehlendem Rückgrat.

Die seit einigen Jahren auf dem Hof Pente erfolgreich arbeitende Kindergroßtagespflege wurde aktuell um einen Waldkindergarten erweitert.

Prasselndes Lagerfeuer verbreitete auf einer kleinen Waldlichtung trotz herbstlichen Nieselregens eine heimelige Atmosphäre, als zahlreiche große und kleine Gäste die Eröffnung feierten. Eine lecker duftende dampfende Kürbissuppe, deren Früchte die Kinder auf den Feldern des CSA Hofes selbst frisch geerntet hatten, wurde auf der kleinen Holzveranda des alten Blockhauses ausgeteilt. Die Kinder erlebten mit Spannung, wie das fahrende neue Holzhaus, dessen Aufbau sie selbst auf dem Hof miterlebt hatten, sich in Bewegung setzte. Ein Oldtimerschlepper zog ihr künftiges Domizil, das auf dem Fahrwerk eines alten LKW-Transporters aufgebaut war, im Schneckentempo zu seinem vorläufigen Standort nach dem Motto: „Auferstanden aus Ruinen und der Zukunft zugewandt."

Tobias stellte in seiner Begrüßung das Konzept der Handlungspädagogik vor, das in diesem Kindergartenprojekt verwirklicht werden soll. Die Kinder seien heute zu sehr der Natur und dem praktischen Tun entfremdet. Dabei werde in der aktuellen Forschung zur frühkindlichen Bildung und Entwicklung immer mehr deutlich gemacht, wie wichtig die praktische Sinnesschulung, das konkrete Erleben der Natur, das Erfahren ganz unterschiedlicher Witterung, sowie die Bewegungsentfaltung in der natürlichen Umwelt für die positive kreative Entwicklung unserer Kinder sei. In der Runde wurden die Mitarbeitenden des Waldkindergartens vorgestellt: Ulrike Lenser, Rosalind Kühnert-Hall, Sarah Kaufmann, Albert Wermes und Andrea von Homeyer. Yussuf und Benjamin, die erst kürzlich nach einer abenteuerlichen traumatisierenden Flucht mit ihren Eltern aus Afghanistan gekommen waren, sprachen aus, welche auch interkulturell heilende Wirkung dieses Konzept auf die beteiligten Kinder haben kann: „Kindergarten ist gut!"

Am 26. Oktober wurden der CSA Hof Pente und der Naturforscher Rolf Hammerschmidt, der die Vogelstudie über den Hof erstellte, mit dem Umweltpreis 2016 des Landkreises Osnabrück ausgezeichnet.

Zum Erntedank am Abholtag dem 28. Oktober wurden verschiedene Stationen vorgestellt:

- Die neue blitzblanke Brunnenstube
- Das neue Winterquartier der Schweine
- Die neue Heckladerkonstruktion
- Die Winterkulturen in den Gewächshäusern
- Die Einwinterung der Honigbienen
- Der neue Waldkindergartenplatz
- Die Arbeit mit den Friesenpferden
- Der Stand der Stiftungsgründung

Und nicht zuletzt das Benny-Reiten von Anja-Grace und Johanna.

Um eine erleuchtete Adventszeit zu ermöglichen, hat Jürgen K. uns allen als Vorweihnachtsgabe die letzte Gaslaterne vom Berliner Kudamm modernisiert und installiert. Vielen Dank!

Die buntesten Herbstgrüße, Euer Team vom CSA Hof Pente

Vater-Mutter alles Geschaffenen!
Dein Name tönt heilend durch Zeit und Raum.
Lass Deinen Willen geschehen –
wie im Geist so in aller Schöpfung.
Gewähre uns täglich,
was wir an Brot und Einsicht brauchen.
Löse die Fesseln meiner Fehler –
Wie auch wir loslassen wollen,
was uns bindet an die Schuld anderer.
Lass mich nicht verloren gehen
an Oberflächliches und Materielles.
Befreie mich von Unreife
und von allem, was mich zurück hält,
Aus Deiner Liebe,
Deinem Willen und Deiner Energie zu handeln.
Denn Dein ist die Kraft und der Gesang des Universums
Jetzt und hier und in Ewigkeit. Amen.
(„Vater-Unser" aus dem Aramäischen zur Zeit Jesu)

Lautlos lösen sich die letzten lichtdurchfluteten Lindenblätter und gleiten spurlos auf die Flur. Grau grieseln regenfeuchte Grüddelniesel durch die trübe fliegenden Herbstschwaden. Nordische Taigakälte schickte erste weißflockige Kostproben. Glutorange dämmert die schwache Sonne über den farbstreifigen Horizont. Bäume und Büsche ziehen ihre Lebenskräfte zurück in den Schoß der Erde. Der noch knackige Freilandsalat opferte seine zarten Blattspitzen dem

Frostboten. Zartes leidet unter Kälte; so wie eine Bauernregel besagt. „Märzenschnee tut Saaten weh".

Der Schutz der Lebensprozesse vor äußerlicher Einwirkung mit Hilfe von Hüllenbildung ist auch ein Thema im Bienenstock. Bienen sammeln neben Blütenpollen, Nektar und Wasser auch harzige Substanzen. Besonders beliebt ist das Knospenharz der braunrot glänzenden Blütenknospe der Rosskastanie. Es schützt das noch innere, verborgene, werdende, künftige Erscheinungsbild der Pflanze vor Regen, Wind und Wetter. Für die Sammelbiene ist die Ernte der klebrigen zähen Hüllsubstanz eine kräftezehrende Arbeit. Mit ihrem Speichel löst sie das Harz an, schabt es mit den Mundwerkzeugen (Mandibeln) ab und füllt es in ihre Körbchen an den Hinterbeinen. Im Bienenstock wird das mit weiteren Speicheldrüsensekreten angereicherte Blütenharz zu Propolis. Damit verputzen und fugen die Arbeitsbienen alle überflüssigen Ritzen und Spalten ihres Stockes. Auch Fremdes und Schädliches, wie zum Beispiel eine räuberische Maus, wird erstochen und mit einer Harz-Bienenwachsmischung isoliert und eingesargt. Für den Menschen ist das Wachs eine sich verzehrende Quelle des Lichtes. Da das Bienenvolk die unmittelbare Berührung mit materiellen, toten Substanzen nach Möglichkeit meidet, überzieht es alle Oberflächen im Bienenstock mit einer feinen Lasur. Selbst die Brut-tragenden Bienenwaben werden mit Knospenharz poliert. Das Zukünftige des Bienenvolkes schafft sich damit eine schützende Haut, um das Lebendige weitergeben zu können.

Es ist ähnlich wie beim Hühnerei, das wir trotz Verschmutzung nicht waschen sollten, sondern trocken abputzen. Denn durch das Waschen würden wir die antibiotische Schutzschicht der atmenden Kalkhülle des werdenden Lebewesens vernichten. Keime können eindringen. In den USA werden Eier aus optischen Gründen gewaschen. Die Haltbarkeit ist dann stark reduziert, sie können geschmacklich nicht ausreifen und müssen gekühlt werden.

Die ersten beiden Frühlingslämmchen sind bereits voradventlich geboren. Die Herde weidet auf den noch üppigen Zwischenfruchtfeldern des alten Eschs.

Die Mutterkuhherde hat ihren Winteroffenlaufstall bezogen und genießt die saftige Silage.

Das Schweinevolk ist mit seinen Hütten in das Winterquartier im Gemüsegarten umgezogen.

Der Vogelgrippealarm und das aktuelle Freilandhaltungsverbot für Geflügel ist für Mensch und Tier auf dem Hof eine große Herausforderung. Zelte und Netze müssen sturmsicher aufgestellt werden. Jürgen baute noch eine zusätzliche batteriegestützte Beleuchtungsanlage. Die Kinder vom Kinderbauernhof sammeln Salatblätter und andere Pflanzenreste für ein alternatives Unterhaltungsprogramm der Hühner. Das Perverse an der Situation: Die Hühnergrippevirenevolution wird durch die Massentierhaltung weltweit beschleunigt. Wildvögel infizieren sich an Abluft und Gülle dieser Tierkonzentrationsanlagen. Statt die verursachenden Massenhaltungen in die Pflicht zu nehmen, werden die Freilandhalter mit den Folgen belastet. Die industrielle Kunstwelt vernichtet zunehmend die Selbstheilungskräfte der Natur. Ein Bauer in Achmer wurde nun sogar von Veterinären aufgefordert, die Nester der Mehlschwalben auf seinem Hof zu vernichten. Aber dieses Prinzip kennen wir ja von den Agrarlobbyisten bei der EU. Nach der neuen EU Bio-Richtlinie sollen die Biobauern für ihre Schäden, die ihnen von der pestizidspritzenden konventionellen Landwirtschaft zugefügt wurden, in Haftung genommen werden. Die Umkehrung des Verursacherprinzips.

Unser Pensionswallach Benny zog brav die diesjährig letzten Grubberzinken durch die Gewächshäuser. Bei den Arbeitsübungen mit den Pferden merkt man bald den individuellen Charakter der Tiere. Benny Goodman macht seine Arbeit pragmatisch aufgrund seiner Lebenserfahrung. Diego will alles besonders gut machen und fühlt sich unglücklich, wenn er den Eindruck hat, das man etwas vielleicht nicht so gut findet. Bella ist ausgesprochen neugierig auf die Dinge, mit denen sie umgeht. Genauestens überprüft sie die Geräte, die sie ziehen soll und ist voller Stolz, wenn sie es geschafft hat. Aufmunternd fragt sie: „Hei, ist da nicht noch mehr, was ich tun kann?" Erstmals hat der zuverlässige Benny den St. Martin - Anja-Grace - durch Nacht und Wind getragen und die Botschaft des Teilens in die Kindergartenwelt gebracht.

Zu den dringenden Arbeiten im Herbst gehörte auch das Freilegen der verstopften Drainage im Acker „Nije Wiske" mit Hilfe eines Drainageunternehmers. Diese „Neue Wiese" ist ein altes Quellgebiet, das schon in der alten preußischen Landvermessung vor 200 Jahren als solches zu erkennen ist. Ein Teil der „dunklen Wälder und Sümpfe Germaniens", wie Tacitus vor 2000 Jahren schrieb, und in denen bereits die Römer scheiterten. Vor 50 Jahren wurde sie vom Vater des Unternehmers trocken gelegt. Erstaunlich war der Spürsinn des Sohnes, der an den geringsten Verfärbungen des Bodens die richtigen Stränge traf. Diese bestehen noch aus qualitativ hochwertigen Tonrohren und sind von Hand in Hochofenschlacke als Filter eingebettet worden. Doch Pflanzenwurzeln und Eisenocker sind nicht untätig. Ich erinnere mich noch daran, wie ich als Junge mit Hoppe, dem Fjordpferd, das mein Vater mir geschenkt hatte, die schweren Tonrohrfuhren zu den Gräben schleppte. Zäh zog der unbändige Norweger, bis zum Bauch im Schlamm steckend, den Ackerwagen zu den erstaunten Arbeitern.

Die Ernteergebnisse und die Versorgungslage waren Thema der diesjährigen außerordentlichen Mitgliederversammlung. Die Ernte lässt aufgrund der Wetterunbilden ertragsmäßig bei einigen Lagerfrüchten zu wünschen übrig. Kürbis, Kohl, Kohlrabi, Möhren Rote Bete… haben darunter besonders gelitten. Dies ist in weiten Teilen Deutschlands so, wie auch unser langjährige Mitarbeiter Lukas von seinem Betrieb in der Nähe von Stuttgart berichtete. Bei der permanent steigenden Nachfrage nach vor allem heimischem Biogemüse wird das im Laufe des Winters entsprechend allen Regeln der Marktwirtschaft zu stark steigenden Preisen führen. Nach dem Motto: „Nicht Milch und Quark – Solidarität macht stark" hatten die Familien Sperber und Lüning zu der Melodie „Das weiche Wasser bricht den Stein" ein wundervolles Lied komponiert, welches die Anwesenden zum Einstieg in den Raum schmetterten. Groß war die Bereitschaft der Mitglieder, gute wie auch nicht so gute Zeiten solidarisch zu meistern. Denn gerade das sei ja das Besondere an der Solidarischen Landwirtschaft. Im Ergebnis wurde jedoch der Vorschlag des Hofes angenommen, die fehlenden Mengen nach Möglichkeit von den regionalen Bio-Gemüsebauern in Großkisten zu beziehen und diese kenntlich zu machen.

Zum 30 GAU-Leiter-Tag der technologiegläubigen atomaren Priester von Tschernobyl sorgt ihr ewig strahlender Tempel für irrwitziges Wirtschaftswachstum. Ein Riesensarkophag wird, auch leiseweinend mit unseren Milliarden, gebaut, um die immer noch aktive, todbringende Mumie des atomaren Pharao vorerst zu verstecken. Die Älteren haben es persönlich erfahren, wie 1986 plötzlich das Wetter bestimmte, wo welches Freilandgemüse auf Grund des radioaktiven „fall out" als Sondermüll vernichtet werden musste. Wie auch heute noch Pilze im Bayerischen Wald oder Rentiere in Lappland. Atomenergie rentiert sich einfach nicht. Gut erinnere ich mich noch an den Kongress der World Federation of Democratic Youth, an dem ich 1976 (10 Jahre vor dem Super GAU) als Delegierter der Mouvement International de la Jeunesse Agricole et Rurale Catholique in Warschau teilnahm. Hunderte Delegierte aus den Ländern des Ostblocks sowie auch Vertreter westlicher Jugendverbände berieten tagelang mitten im Kalten Krieg über Zukunftsvisionen. Viele Positionen, vor allem hinsichtlich der Entspannungs- und Friedenspolitik aber auch des Antiimperialismus konnte ich teilen. Schließlich hatte gerade der von den USA inszenierte Militärputsch in Chile gegen die demokratisch gewählte Regierung Allende etliche unserer Aktiven der MIJARC auf dem Lande ins Gefängnis gebracht oder sie wurden ermordet. Entsetzt war ich allerdings von einem Passus im Schlussdokument, das schließlich in allen Konferenzsprachen veröffentlich werden sollte: Die Atomenergie wurde als die Zukunftstechnologie gepriesen, die den sozialen Fortschritt unterstütze. Empört verweigerte ich für meine Organisation die Unterschrift. Der Kongress im riesigen Kulturpalast, einem zentralen Bau im Stalinschen Zuckerbäckerstil der 50er Jahre, wurde unterbrochen. Viele Delegierte, vor allem vom sowjetischen Komsomol, umringten mich. Offenbar war meine Verweigerung ein politischer Eklat. Man versuchte, mich davon zu überzeugen, dass Atomenergie zumindest im Sozialismus, wo das Profitprinzip keine Rolle spiele, sicher sei. Als ich allerdings die mir bekannten Atomunfälle, vor allem die Explosion eines riesigen atomaren Zwischenlagers in Majak im Ural erwähnte, wurde die Diskussion ernst. Nach einigem Ringen ließ man sich auf die Formulierung ein, dass man sich ernsthaft mit der Erforschung und Nutzung Alternativer Energien befassen solle. „Das weiche Wasser…?“

Immerhin haben 30 Jahre später auf dem Klimagipfel in Marrakesch 47 Staaten beschlossen, künftig zu 100 % auf regenerative Energie zu setzen. Das kleine Königreich Bhutan hat als Wirtschaftsmaßstab das „Sozialglück“ eingeführt und als Entwicklungsziel 100 % Ökolandbau. Davon können wir derzeit nur träumen.

Unser Praktikant Solomon schrieb kürzlich einer herzzerreißenden E-Mail über seinen harten Alltag als Kleinbauer in Uganda. Immerhin besitzt er jetzt 3 Schweine. Im Spiegel seiner Sorgen aber dürfen wir uns fast im Paradies wähnen.

Nun sind selbst diese Kleinbauern ins Visier der Unwohltäter von der Bill-und-Melinda-Gates-Stiftung gelangt. Diese möchte die Landwirtschaft in Afrika über die Förderung und Verbreitung von Gentechnik von den multinationalen Konzernen abhängig machen. In Zusammenarbeit mit der United States Agency

for International Development (USAID) steuern die Stiftungsdirektoren, Sam Dryden und Rob Horsch, zwei ehemalige Spitzenmanager von Monsanto, die Profitrichtung.

Mehr als 1000 % Rendite hat Monsanto nach Angaben der Frankfurter Allgemeinen Sonntagszeitung erwirtschaftet. Genug, um dem scheidenden Monsanto-Chef Grant 135 000 000 Dollar hinterher zu werfen. Nur kein Neid. Der Agrar-Pestizid-Pharma Konzern hat sich seinen Ruf bei den argentinischen Müttern von durch Glyphosat an Krebs erkrankten Kindern oder den durch Gentechnik ruinierten indischen Baumwollbauern redlich verdient.

Die Maden in Germany beanspruchen nicht nur Renditen von 25 % (Bauer „Ackermann" und Jain) für ihr Kapital, sowie weitgehende Steuerfreiheit in Oasen. Nur die dummen Kamele zahlen Steuern. Nein, sie haben über ein Jahrzehnt mit Wissen der Finanzminister Steinbrück (SPD) und Schäuble (CDU) nicht gezahlte Steuern erstattet bekommen. (Die lateinischen Ausdrücke Cum-Ex (mitohne) und Cum-Cum (mit-mit) stehen für die Praxis von Aktionären, die Dividendenzahlungen zu nutzen, um rund um den Stichtag der Überweisung mehrfach Steuererstattungen vom Finanzamt abzugreifen von Steuern, die sie nie bezahlt haben.) Nun hat Finanzminister Schäuble (hd. Schaufel) eine neue Möglichkeit gefunden, reichen Investoren öffentliche Mittel zuzuschaufeln. Durch die Privatisierung von Autobahnen lassen sich wieder rund 25% Profit machen, während der normale Bürger zusehen muss, wie seine Ersparnisse bei 0% Zinsen immer mehr an Wert verlieren.

Politikern wird ja oft nachgesagt, sie seien phantasielos und verführen nur nach dem Modell TINA („There Is No Alternative", Margaret Thatcher). So einfach ist das nicht. Das Bundesfrauenministerium unter Manuela Schwesig hat sich zum Fest was ganz tolles, gendermäßig super political correctes ausgedacht, was uns Männer endlich den Frauen nicht nur gleichstellt, sondern auch weitergehende Hoffnungen macht. Die frohe Botschaft im neugefassten Mutterschutzgesetz (MuSchG) heißt unter dem Punkt Begriffsbestimmungen: „Eine Frau im Sinne des Gesetzes ist jede Person, die schwanger ist oder ein Kind geboren hat oder stillt". Man hätte vielleicht auch Mutter sagen können, wenn das nicht so hoffnungslos veraltet wäre. Im Nachsatz heißt es aber wunderbar „unabhängig von dem in ihrem im Geburtseintrag angegebenen Geschlecht". Und schließlich in den Erläuterungen so herrlich: „Damit gelten auch für…männliche Personen die Vorschriften des MuSchG, sofern sie schwanger sind, ein Kind gebären oder stillen". Jetzt aber los bierbauchtragende Männer – zur Gynäkologin!? Oder gleich zum Patentamt! - Die Hoffnung stirbt zuletzt. Und die allerletzten abergläubischen Zweifel an Mariens unbefleckter Empfängnis sind doch jetzt wohl ausgeräumt.

Der Osttorbogen von Penthusalem hat rechtzeitig zu Weihnachten ein Schutzdach aus alten Handformdachziegeln bekommen. Auf Grund von Frostrissen bestand Einsturzgefahr. Nun kann er den Hof noch weitere 2 000 Jahre vor den Gefahren der rotglutblutig im Osten aufgehenden Sonne schützen.

Eine wundervolle Adventszeit und ein frohes Fest wünscht das Team vom CSA Hof Pente

MEDIENSPIEGEL Hof Pente

HÜTER DES HERZENS

Erstveröffentlichung: Info 3, Frankfurt a.M., 41. Jahrgang, Mai 2016, S.31-34

Wie sich unsere „älteren Brüder", die Kogi, um unsere Mutter Erde sorgen
Von oben sehe ich plötzlich im karibischen Urwaldgrün die kunstvoll aus Steinplatten eingefassten Hochplateaus mit ihren saftigen Grasflächen. Dort liegt Ciudad Perdida, die verlorene Stadt Teyune, die noch 400 Jahre nach Eroberung durch die Spanier im kolumbianischen Urwald verschwunden blieb. Eine archäologische Fundstätte, welche die Dimensionen der Inka-Stadt Machu Picchu weit übertrifft. Der Hubschrauber setzt mich ab, stürzt zurück ins Tal. Stille. Mehr als das. Eine eigenartige magische, fast sakrale Stimmung umfängt mich. Selbst die Bäume, Büsche und Steine scheinen sie in sich zu tragen. Einige Kogi, Angehörige des letzten Indianerstammes der Erde, der seine Hochkultur über Jahrhunderte bewahrt hat, nehmen scheinbar unbeteiligt Notiz von meiner Anwesenheit. Es ist, als wenn sie durch mich hindurch blickten. Ich befinde mich auf den Zinnen der Sierra Nevada de Santa Marta, dem mit rund 5800 m höchsten Küstengebirge der Welt.
Nur knapp 400 Kogi von etwa 500.000 haben das entsetzliche Gemetzel der spanischen Eroberer und Goldräuber von 1599 überlebt. Sie flüchteten in die höher gelegenen Gebiete der Sierra, um ihre Kultur zu bewahren. Sie verstanden die Spanier nicht, die nur auf das Gold aus waren und sie als Sklaven verkaufen wollten. Für die Kogi machte das sonnige Gold nur Sinn als künstlerisches Mittel

ihres Fruchtbarkeitskultes. Dort oben schützte sie das zerklüftete, fast unzugängliche Gebirgsmassiv. In den letzten Jahrzehnten war die Umgebung dieses Gebirges weitgehend durch den Kampf zwischen Drogenbaronen, Guerillas, Paramilitärs und Siedlern geprägt. Erst 1999 stellte d'ß9Staat das einmalige Naturreservat unter seinen Schutz. Betreten verboten. Eine Sondergenehmigung des kolumbianischen Umweltministeriums verschaffte mir jedoch unerwartet einen kleinen Einblick in diese Parallelwelt. Kunstvolle Natursteintreppen und Bewässerungskanäle verbinden die Plateaus und Terrassen in einem komplexen System miteinander. Ein rund 2 m großer Stein stellt mit seinen Linien und Formgravuren die reale und mystische Landkarte des Siedlungsökosystems dar.

Für die Kogis ist die Sierra Nevada die heilige Mutter und das Herz der Welt. Die Flüsse sind der Blutkreislauf. Der Wald ihre Haut. In den Höhlen ist der Sitz der Ahnen. Sie nennen sich selbst die „älteren Brüder", fühlen sich verantwortlich für die Große Mutter Erde und sorgen sich über die Dummheit, Unkenntnis, Gier und Habsucht ihren „jüngeren Brüder", den Rest der Menschheit. Im Zentrum ihrer Spiritualität steht Aluna, eine geheimnisvolle Mutterkraft. Sie kommt aus dem Meer, dem Fruchtwasser. Dieses Konzept der Weiblichkeit ist auf Ausgleich und Harmonie ausgerichtet. Aluna ist die spirituelle Mutterkraft, die sowohl die materielle Form als auch ihren geistigen Inhalt gebiert und damit dem höheren Geist, der Intelligenz, seine materielle Form verleiht. Die lebendige Mutter Erde wird durch die kosmische Energie von Vater Sonne am Leben erhalten.

Alles spricht. Gestirne, Wolken, Berge, Wald, Bäche, Seen tragen ein spezielles Bewusstsein und können Botschaften und tieferes Wissen übermitteln. Ohne dieses Wissen kann unbedacht der natürliche Energiekreislauf nachhaltig gestört werden. Das Studium dieses Zusammenhangs bildet daher die Basis für die Sinnhaftigkeit des Lebens. Das ökologische Wissen um die tieferen Zusammenhänge in der Natur macht die Kogi zu einzigartigen Gärtnern und Bauern. Sie pflanzen und ernten seit Jahrhunderten ihre alten Sorten, ohne auch nur eine Spur von Ertragsminderung oder Bodenerosion hervorzurufen. Während unten im Tal die staatlichen Programme nur ein paar bescheidene Eukalyptusplantagen zu Stande bringen, wachsen im Gebirge versteckt und integriert zwischen Bäumen Bananen, Papayas, Ananas, Yuccas, Tomaten, Kartoffeln, Bohnen. Mittlerweile für rund 18000 Menschen. Jede Familie besitzt zwei oder drei Gartenstücke in den unterschiedlichen Klimazonen des Gebirges, um die jeweils typischen Früchte in ihrem natürlichen Umfeld ernten zu können. Sogar ihre Kleidung spiegelt diese lebendige Struktur, indem die drei typischen Kleidungsstücke der Kogi den Vegetationszonen entsprechen. Der Rohstoff der Baumwollhose wächst im warmen Unterland. Die helle Tunika symbolisiert durch Wollgewebe die gemäßigte Zone der Schafzucht und der spitze Hut, der Boro, wird aus Pflanzenfasern der Hochebenen geflochten.

Im Zentrum der Kogi-Ethik steht der Erwerb von Wissen über das komplexe Zusammenleben zwischen den Menschen und ihrer natürlichen Mitwelt, sowie

deren kosmische Einbettung. Ziel ist ein Leben im Gleichgewicht aller Kräfte auf bescheidener verantwortungsbewusster Basis. Weil alles belebt ist und eine Seele hat, ist der bewusste Umgang mit den natürlichen Ressourcen eine Selbstverständlichkeit. Die Aufgabe, diese spirituelle Lebenshaltung zu bewahren, ist die Aufgabe der Mamas. Es sind die Weisen-Priester-Schamanen, welche durch ihre 18-jährige Ausbildung ein profundes Wissen in Astronomie, Meteorologie, Mineralienkunde, Tierverhalten, Gartenbau, Ernährung, Geschichte, Tänzen, Ritualen, Sozialverhalten und Gesundheitspflege erlangt haben und gleichzeitig in der Lage sind, eine höhere Form von Wirklichkeit in alle alltäglichen Belange einzubeziehen. Um dies zu erreichen, werden sie in den ersten neun Lebensjahren allein in den Bergen aufgezogen, um eine eigenständige Verbindung zur Natur aufzubauen und zu lernen, mit Aluna, der geistigen Dimension des Schöpfungsmythos, unmittelbaren Kontakt aufzunehmen. Durch die unmittelbare Beteiligung der Mamas am Alltagsleben der Kogis ist die Einbeziehung anderer Wirklichkeiten und Dimensionen des Weltgeistes gewährleistet und gedankenloses Handeln reduziert. Für das Ausleben von Eitelkeiten, für Oberflächlichkeit und Selbstinszenierung bietet das soziale Leben der Kogi wenig Raum.

Die Kogi-Gesellschaft ist weder matriarchal noch patriarchal organisiert. Der wichtigste Ort für eine gemeinsame Entscheidungsfindung ist der Dialog. Er findet meistens in der Dunkelheit in der Gemeinschaftshütte, der Kankurua statt. Jeder hat die Möglichkeit, sich auf alle Aspekte dessen zu beziehen, was die Angelegenheit oder Aufgabenstellung ausmacht. Jeder kann in demokratischer Reihenfolge das Wort ergreifen und hat selbst das Recht, ohne Bewertung gehört zu werden. Bei einem komplexen Thema kann diese Runde mehrere Nächte in Anspruch nehmen. Zum Schluss fasst ein Ältester, der sich durch Erfahrung, Weisheit und Gerechtigkeit auszeichnet, die kollektiven Gedanken des Gruppenprozesses zusammen und strukturiert sie, ohne jedoch eine Entscheidungsrichtung vorzugeben. Die Entscheidung selbst wird in einem weiteren Prozess der Weissagung gefällt, bei dem die möglichen Folgen gründlich bedacht werden. Dazu treffen sich Frauen und Männer nachts getrennt an besonderen spirituellen Orten.

Die Kogi fühlen sich durch ihr ganzheitliches Denken, durch ihr Konzept der Mutter Erde, auch für die Zukunft ihrer „jüngeren Brüder", also uns, verantwortlich. Zugleich sind Vorboten des Klimawandels in Form vorzeitiger Schneeschmelze und erschwerter Wasserversorgung in der Sierra Nevada de Santa Marta ebenfalls zu spüren.

Vor gut zwei Jahren brachte der ehemalige kolumbianische Umweltminister und heutige Botschafter des Landes, Juan Mayr, zwei Kogi Mamas nach Berlin. Sie waren auf der Spur zweier bedeutsamer Masken aus vorkolumbianischer Zeit, die unter nicht ganz geklärten Umständen Anfang des 20. Jahrhunderts von dem Ethnologen Konrad Theodor Preuss nach Berlin gebracht wurden. Da die Kogis sich als Hüter der Erde fühlen und diese Masken aus ihrer Sicht dazu dienen, das Gleichgewicht in der Natur auf diesem Planeten aufrechtzuerhalten, hatten sie sich auf diese ungewöhnliche Reise gemacht. Im Museum machten sie ihre Rituale, nahmen Kontakt mit den Masken auf und stellten fest, dass es ihnen schlecht gehe, da sie sich eingesperrt fühlten und von einer völlig unverständlichen Welt umgeben seien. Die Kogis baten um die Herausgabe ihres Kulturgutes, damit sie entsprechend ihrer ursprünglichen Intention und Bestimmung wirksam werden können. Von deutscher Seite wurden allerlei versicherungstechnische Probleme ins Spiel gebracht und sogar die Gefahr einer Vergiftung durch die eingesetzte Konservierungschemie an die Wand gemalt. Der Museumsdirektor stellte schließlich vage in Aussicht, künftig irgendwann im Rahmen eines Kulturabkommens eine gemeinsame Lösung zu finden, wenn die Kogis in der Lage seien, vor Ort angemessene moderne museale Lagerungstechniken einzusetzen.

So reden zwei Kulturen aneinander vorbei. Die bürokratischen Vertreter musealer Materie und der Geist von spirituellen Aktivisten des lebendigen Rituals. Selbst Außenminister Steinmeier sah sich im letzten Jahr genötigt, in dieser Auseinandersetzung selbst zu den Kogis nach Kolumbien zu reisen. Das Ergebnis: Ein eigentumsrechtliches Gutachten soll erstellt werden. Der traurige Kommentar der Kogis: Wir müssen in der Sierra Nevada der Santa Marta das Herz der Welt bewahren. Falls es dort aufhört zu schlagen, wird die Erde aufhören zu leben.

CSA IN CHINA

Die Idee der Gemeinschaftsgetragenen Landwirtschaft trägt weltweit Früchte

Erstveröffentlichung: Lebendige Erde, Darmstadt, 67. Jahrgang, März-April 2016, S.44-45,

Mit über 200.000.000 landwirtschaftlichen Betrieben, das sind rund 1000 Mal mehr als in Deutschland, ist China das größte Bauernvolk der Erde. Auf diesen Höfen leben etwa 800 Millionen Menschen. Alle registrierten chinesischen Haushalte haben das Recht (Hukou) auf freie medizinische Versorgung und Bildung. In ländlichen Gebieten gehört dazu auch das Recht auf ein Stück Land. Die meisten Höfe bewirtschaften nur wenig mehr als 8 Mu, das ist gut ein halber Hektar. Aber diese Flächen werden in der Regel sehr intensiv genutzt. In China, das rund 10 % der weltweiten Ackerfläche besitzt, wird etwa 20 % der Weltnahrung erzeugt. Auch in China wächst der ökonomische Druck auf die Bauern.

Chinas Landwirtschaft ist in den letzten Jahrzehnten durch drei grundlegende strukturelle Veränderungen umgewälzt worden: Erstens von der Kollektivierungsbewegung Mitte der Fünfzigerjahre, mit dem Ziel Volkskommunen im ländlichen Raum zu bilden. Zweitens von der De-Kollektivierung in den frühen Achtzigern, die mehr auf private Initiativen setzte. Und heute von der kommerzialisierten industrialisierten Agrarproduktion, die zum großen Teil das Leitbild der offiziellen Agrarpolitik darstellt.

China gehört heute zu den weltweit größten Anwendern von Pestiziden und synthetischen Düngemitteln. Hierunter leidet das Bodenleben erheblich. Immer mehr Flächen müssen wegen der Bodendegradation aus der Produktion genommen werden. Zusätzlich hat eine Reihe von Lebensmittelskandalen die chinesische Öffentlichkeit in den letzten Jahren erheblich verunsichert. Dieses hat in der Wissenschaft, der Gesellschaft und der Politik ein Feld für eine erhöhte Sensibilität gegenüber Umweltfragen und die Suche nach Alternativen eröffnet. Außerdem gibt es bereits seit den zwanziger Jahren des letzten Jahrhunderts eine Bewegung, die sich für die Erneuerung und der Wiederbelebung des ländlichen Raumes (Rural Regeneration) einsetzt und an die heute wieder angeknüpft wird.

Vor diesem Hintergrund fanden Ende letzten Jahres die sechste internationale CSA-Konferenz sowie die siebte chinesische CSA-Konferenz in Peking statt. Mit weit über 700 Teilnehmenden aus allen Teilen Chinas und 70 internationalen Gästen war diese Konferenz des internationalen CSA Netzwerkes (Urgenci) bislang mit Abstand die größte.

In China keimte die CSA Bewegung erst im Jahr 2008, entfaltete dann aber eine große Dynamik mit mittlerweile etwa 1000 Initiativen. Eine der maßgeblichen Inspiratorinnen ist die Soziologin Shi Yan. Sie promovierte an der renommierten Renmin Universität in Peking. Durch ein Stipendium der Ford Foundation bekam sie die Gelegenheit, in den USA die Entwicklung eines anderen Modells von Landwirtschaft kennen zu lernen. Die Erfahrungen auf der „Earthrise Farm", einer kleinen CSA in Minnesota, sagte Shi Yan, „veränderten mein Leben. Ich hatte es zunächst als ein neues Geschäftsmodell gesehen, was ich studieren wollte, aber durch meine praktische Begegnung mit diesem Modell wurde mir klar, was die Erde wirklich braucht und dass dieses einen völlig anderen Lebensstil erfordert."

Nach ihrer Rückkehr gründete sie im Ort Sujiatuo im Haidian Distrikt zusammen mit dem Landwirtschaftlichen Wiederaufbauzentrum der Renmin Universität Peking, und dem Landwirtschafts- und Forstkomitee des Distrikts die „Little Donkey Farm". Diese arbeitet in Form einer CSA und produziert nicht nur Lebensmittel, sondern umfasst auch ein Bildungsprojekt sowie einen Forschungsbereich für organisch biologische Landwirtschaft und CSA. Der Betrieb war ursprünglich nur etwa 15 ha groß, umfasst aber mittlerweile Projekte in anderen Orten wie Houshajan und Liulin als weitere Ableger mit insgesamt etwa 66 ha. Diese CSA besteht aus einem großen vielfältigen Garten, auf dem auch eine Geflügel- und Schweinehaltung angesiedelt ist. Jährlich werden rund 60 Mastschweine vermarktet. Etwa 1000 Hühner leben in einem eingezäunten Freilandgehege. Der Mist und die Gartenabfälle werden systematisch kompostiert. Außer dem Gemüse der Saison können die Mitglieder Schweinefleisch, Eier und Hühnerfleisch bekommen. Der Anbau erfolgt nach Biostandards und verzichtet daher auf die Verwendung von Chemikalien und genetisch verändertem Saatgut. Eine einfache Komposttoilettenanlage sorgt dafür, dass die Mitglieder einen Teil ihres Konsums über eine intensive Kompostierung in den Kreislauf zurückführen können.

Drei Konzepte werden gleichzeitig verwirklicht.
1.	Pro Haushalt können etwa 30 m² Land in der Freizeit komplett von den Mitgliedern bewirtschaftet werden. Preis etwa 1800 Yuan/J.
2.	Die Grundbodenbearbeitung und Aussaat des Stücks wird vom Personal des Betriebes übernommen, die Pflege erfolgt durch den Haushalt. Preis 3500 Yuan/J.
3.	Der Betrieb bepflanzt und bearbeitet das Stück für Organisationen vollständig bis zur Ernte. Es umfasst dann etwa 60 m². Preis 12.000 Yuan/J.

(Je nach Umtauschkurs entsprechen 5-7 Renminbi Yuan einem Euro.)

Ihre nächste Gründung war 2012 das Shared Harvest (geteilte Ernte) Projekt im Ortsteil Mafang der Stadt Xiji im Tongzhou Distrikt. Das Prinzip dieser CSA ist die Entwicklung von Partnerschaften mit den Bauern, anstatt nur das Landnutzungsrecht zu erwerben oder deren Gewächshäuser zu mieten. Dabei werden diese Bauern auch in den ökologischen Landbau eingebunden und schließen gegenseitige Verträge über mögliche Risiken ab. Auch die Anbauplanung erfolgt gemeinsam. Das von dieser Gemeinschaft erzeugte Gemüse ist bereits komplett vorbestellt, obwohl es etwa drei bis fünfmal so viel kostet als auf dem normalen Wochenmarkt! Es werden Stadtbewohnern Mitgliedschaften zu unterschiedlichen Tarifen zwischen 3.500 und 8000 Yuan angeboten. Je nach vorausbezahltem Jahrestarif werden die kg- bzw. Stückpreise der abgeholten Produkte berechnet bis die Höhe der Vorauszahlung erreicht ist (pre paid) .

Die biodynamische Bewegung startete in China ebenfalls mit einem CSA Projekt. Die Phoenix Hills Commune liegt am Fuß des Phönix Gebirges im Haidian Distrikt, von wo ihre Initialen in Form von grünen Anpflanzungen weit über das Land hinaus strahlen. Diese etwa 7 ha große CSA nahm ihre Arbeit im Jahre 2008 auf und wurde umgehend nach dem Biostandard der EU zertifiziert. Die Anerkennung nach dem biodynamischen Demeter Standard erhielt dieser Betrieb im Jahr 2010. Ihr Schwerpunkt liegt im Anbau der chinesischen Yamswurzel. Auf etwa 1000 m² werden die Yams im fetten chinesischen Lößboden von Hand aus ihrem etwa 1 m tiefen Lebensraum gegraben. Einige schwarz-bunte Kühe sorgen mit ihrem Mist für eine gute Kompostgrundlage. Oberhalb eines ausgetrockneten Bachlaufes befinden sich ein Schulkomplex und ein Biorestaurant. Etwa 400 Menschen sind in die Aktivitäten dieser CSA eingebunden. Rund 40 Ernteanteile sind vergeben.

Während der Konferenz kamen aber auch die unterschiedlichen Positionen der agrarpolitischen Debatte in China zur Sprache. Während der Regierungsvertreter des Shunyi Distriktes sich mehr auf die Seite einer Modernisierung der Landwirtschaft im Sinne einer Industrialisierung und Massenproduktion stellte, brachte der Vertreter des Landwirtschaftsministeriums der chinesischen Zentralregierung die negativen Folgen dieser Entwicklung selbstkritisch zur Sprache. Professor Wen Tiejun vom „Zentrum für ländlichen Wiederaufbau" der Renmin Universität hob hervor, dass die bisherigen Erfahrungen mit der CSA Bewegung in China deutlich gemacht hätten, dass dieses Modell den hohen wirtschaftlichen Druck auf die beteiligten Bauern reduziert habe und die Wertschätzung ihrer Arbeit gewachsen sei. Der Bauer werde wieder in die Lage versetzt, langfristig wirksame, ökologisch vernünftige Entscheidungen zu Gunsten von Boden und Umwelt zu treffen und damit unabhängig von der kurzsichtigen betriebswirtschaftlichen Rationalität zu handeln. Vielfalt in der Tierhaltung, angepasste Bodenbearbeitung und auch Vielfalt im Pflanzenbau, wie auch der Erhalt regionaler Sorten und die Unabhängigkeit beim Saatgut seien selbstverständliche Bestandteile dieses Konzepts. Wahrscheinlich biete die CSA Idee auch in China das beste Modell, die Konsumenten aus ihrer passiven Rolle herauszuholen und sie als Mitbauern in die Lage zu versetzen, sich nicht nur aktiv mit den Lösungsmöglichkeiten der Nahrungsmittelproduktion und der Landwirtschaft vertraut zu machen, sondern auch gemeinsam mit den Bauern in die Lage zu kommen, durch ihr Handeln konkrete positive Veränderungen zu bewirken.

Die „6. Internationale CSA Konferenz" sowie die „7. Chinesische CSA Konferenz" standen unter dem gemeinsamen Motto „Rural Regeneration". Damit wurde der in den westlichen Industrieländern weit verbreitete Begriff „Sustainability" (Nachhaltigkeit) vermieden. Professor Ye Jingzhong von der „Chinesischen Landwirtschaftsuniversität", Peking, stellte heraus, dass seiner Ansicht nach dieser

Begriff von den multinationalen Konzernen in erster Linie zum Greenwashing und zur Vernebelung ihrer Profitstrategien benutzt wird. Aufgrund der katastrophalen Umweltsituation bezüglich des Weltklimas und der Bodenvergiftung gehe es längst nicht mehr um den Erhalt des bestehenden Zustandes, sondern um eine radikale Neuorientierung auch in China. Man müsse künftig den Schutz der Erde (Earth Care) mit dem Schutz des Menschen (People Care), eine gerechten Verteilung (Fair Share) und den friedlichen Umgang mit kulturellen Unterschieden (Cultural Diversity) in einer neuen harmonischen Form zusammenbringen. Er sprach von der Notwendigkeit eines Übergangs von der profitorientierten „Industrialisation" zu einer „ökologischen Zivilisation".

Literatur:

Hartkemeyer, M.,- J., -T., (2015) Dialogische Intelligenz - aus dem Käfig des Gedachten in den Kosmos des gemeinsamen Denkens, Mayer Info3 Verlag
Hartkemeyer, M., -J.,-J., & T., (H.4/2015) Nachrichten vom Hof, Band 1-4,die Entstehungsgeschichte eines CSA Betriebs in Form von Monatsberichten, BOD Verlag
Hartkemeyer, T. et al. (2014) Das pflügende Klassenzimmer, Handlungspädagogik und Gemeinschaftsgetragene Landwirtschaft, Oekom Verlag
Groh, T., -McFadden S.,(2013) Höfe der Zukunft – Gemeinschaftsgetragene/Solidarische Landwirtschaft (CSA), Verlag Lebendige Erde

AUFNAHMEN FÜRS TV

Bramscher Nachrichten
5.6.2016

„Werkstatt Zukunft" auf dem CSA-Hof Pente

Auf dem Podium diskutierten (v.l.) Hans-Joachim Meyer zu Felde, Karsten Padeken, Julia Hartkemeyer, Barthel Pester, Tobias Hartkemeyer, Titus Bahner, Henning Aumund, und Michael Lübbersmann über die vielschichtigen Perspektiven einer nachhaltigen Landwirtschaft.

Pente. Für das TV-Magazin „Werkstatt Zukunft", das in den Regionalsendern „Oldenburg eins" und „Radio Weser TV" ausgestrahlt wird, fanden am Freitagabend Dreharbeiten auf dem CSA-Hof Pente statt. Bei der Aufzeichnung im Wohnzimmer der Familie Hartkemeyer ging es diesmal um die Nachhaltigkeit in der Landwirtschaft.

Neben den Gastgebern Julia und Tobias Hartkemeyer, die auf ihrem Biobetrieb „biologisch-dynamisch landwirtschaften" , nahmen der Biolandwirt Henning Aumund, der Vorstand der Kulturland-Genossenschaft Titus Bahner, Hans-Joachim Meyer zum Felde als Vorsitzender der „Bundesarbeitsgemeinschaft Lernort Bauernhof", der konventionell wirtschaftende Landwirt Karsten Padeken sowie Landrat Michael Lübbersmann an der von Barthel Pester vom „Werkstatt Zukunft"-Team moderierten Diskussionsrunde teil. Musikalisch begleitete Ben Roth die Veranstaltung.

„Wir sind ein gemeinnütziger Haufen aus Oldenburg", stellte Pester vor dem Beginn der Aufzeichnung die „Werkstatt Zukunft" vor. Diese Gemeinschaft von Ehrenamtlichen befasst sich auch unter professioneller Medieneinbindung mit den vielfältigsten Zukunftsfragen, unter anderem aus den Bereichen Umwelt, Frieden, Bildung, Wirtschaft oder Jugend.

In zwei Diskussionsrunden sowie einer Abschlussrunde berichteten die Akteure über das jeweilige Aufgabengebiet, das von ihnen vertreten wird. Da trafen konventionelle und biologisch-dynamische Landwirtschaft aufeinander. Es wurde über den Umgang mit konventionell bewirtschaftetem Grünland ebenso berichtet wie über den Versuch, Landflächen dem Zugriff von Investoren zu entziehen und ökologisch arbeitenden Höfen zur Verfügung zu stellen.

Michael Lübbersmann nutzte die Gelegenheit, um die „Metropolregion Nordwest" vorzustellen, einen „Zusammenschluss von 16 Landkreisen und kreisfreien Städten, fünf Industrie- und Handelskammern sowie den Ländern Niedersachsen und Bremen, um Stärken der Region weiter nach vorne zu tragen". Ferner gab der Landrat schlagwortartige Einblicke in die so genannte „Bioökonomie", eine Entwicklungsstrategie der Land- und Ernährungswirtschaft, die auf Wissensvernetzung setzt.

Außerdem wurde der Bauernhof als Lernort für Kinder und Erwachsene angesprochen. Auch die Vorstellung der gemeinschaftsgetragenen Landwirtschaft, wie sie auf dem CSA-Hof von Julia und Tobias Hartkemeyer betrieben wird, fand in der TV-Aufzeichnung ihren Raum.

Zu den Quintessenzen der Diskussionsrunde zählten Voten wie, dass „wir in einer Zeit des Umbruchs leben, in der es gilt, viel Neues zu entwickeln". Bezogen auf eine nachhaltige und auch erfolgreiche Landwirtschaft wurde die Notwendigkeit zur Transparenz betont. Julia Hartkemeyer hielt fest: „Man braucht Vertrauen auf der Seite der Erzeuger wie auf der der Verbraucher. Die Landwirtschaft muss verstanden werden. Wer Wertschätzung haben will, muss das, was man tut, verständlich machen".

Und abschließend gab Moderator Barthel Pester im Hinblick auf den Regionalitätsgedanken im Handel das Motto aus: „Wer weiter denkt, kauft näher ein". – Aufnahmen für TV-Magazin: „Werkstatt Zukunft" auf dem CSA-Hof Pente

HEIMLICHE HELDEN

Global Peacebuilder Summit - Gipfeltreffen für Friedensstifter

Erstveröffentlichung: Info 3, Frankfurt a.M., 41. Jahrgang, September 2016,

Anfang September fand zum ersten Mal der Gipfel für Friedensstifterinnen aus aller Welt in Paretz bei Berlin statt. Fast unbemerkt von der Öffentlichkeit arbeiten die Teilnehmerinnen seit Jahren für das, was derzeit in weiter Ferne scheint: eine friedliche Welt.

Dieses Gipfeltreffen für FriedensstifterInnen aus aller Welt versammelte heimliche Helden aus 30 Krisenregionen der Erde. „Ich habe sonst keine Möglichkeit zum Austausch mit Gleichgesinnten", findet Edgar Khachatrian aus Armenien, der dort Theater- und Dialogprojekte durchführt. Dieser Erfahrungsaustausch war der entscheidende Motivationshintergrund der Zusammenkunft von Friedensarbeitern, darunter vier alternative Nobelpreisträger. Bewegende Biografien zeigten, welche Persönlichkeiten hinter der zähen und manchmal verzweifelnden Friedensarbeit vor Ort stehen. Da ist zum Beispiel Assad Shaftari aus dem Libanon, der sich von Geheimdienstchef zu einem engagierten Pädagogen gewandelt hat, und nun an libanesischen Schulen Jugendliche davon überzeugt, dass Konflikte nicht mit Gewalt zu lösen sind. Oder der Priester James Wuye aus Nigeria, der in der Millionenstadt Kaduna evangelische Jugendverbände anführte, die sich heimlich bewaffneten. Sein Gegenspieler, der Imam Muhammad Ashafa, machte mit seinen Milizen vor 18 Jahren Jagd auf den Priester. Dabei wurde sein Leibwächter getötet und ihm selbst seine linke Hand mit einer Machete abgehackt. Heute geben sich die beiden Männer die Hand. Einer würde für den anderen sein Leben hingeben. Das Tandem James und Ashafa, Pastor und Imam, organisieren gemeinsam erfolgreiche Dialogrunden zwischen den Konfliktparteien in Nigeria unter härtesten Bedingungen.

Tobias Hartkemeyer war als Dialogprozess-Begleiter am Global Peacebuilder Summit beteiligt, er ist begeistert vom Engagement der Friedensstifter, die trotz ihrer schweren Arbeit den Sinn für Humor nicht verloren haben. Diese Arbeit brauche mehr öffentliche Unterstützung. Unbearbeitete und eskalierende Konflikte riefen unendliches menschliches Leid und kaum zu beziffernde Kosten hervor, so Hartkemeyer. Immerhin interessierten sich in Berlin der Unterausschuss für zivile Konfliktprävention des Deutschen Bundestages und auch das Auswärtige Amt, welches diese Konferenz mitgetragen hat, für die Erfahrungen, Ziele und Strategien der Friedensstifter. Aufgrund der Fruchtbarkeit dieses ersten Treffens sollen weitere Konferenzen folgen.

Dialogprozessbegleiter Tobias Hartkemeyer (2.v.r.), Organisator Michael Gleich – Direktor der Culture Counts Foundation, Imam Muhammad Ashafa (li.) und Pastor James Wuye

NEUER KINDERGARTEN

Bramscher Nachrichten
24.102016

Neuer Kindergarten auf dem CSA-Hof Pente

Im Nieselregen begrüßte Tobias Hartkemeyer (rechts) die Gäste bei der Einweihung des Waldkindergartens. Foto: Hartkemeyer

be/pm Pente. Die seit einigen Jahren auf dem CSA-Hof Pente bestehende Kindergroßtagespflege ist jetzt um einen Waldkindergarten erweitert worden. Die Betriebsgenehmigung des Kultusministeriums sieht nach Angaben der Stadt Bramsche eine Betreuung von bis zu 15 Kindern vor.

Von den derzeit neun dort betreuten Kindern kommen nach Angaben von Wolfgang Furche als Fachbereichsleiter der Stadtverwaltung zwei aus Bramsche, für die die Stadt – analog der Regelung für den Waldorfkindergarten Evinghausen – einen festen Platzzuschuss an den Träger leisten werde. Das Betreuungsangebot des Waldkindergartens werde seitens der Stadt „als willkommene Ergänzung – auch hinsichtlich des Elternwahlrechtes bzw. der Pluralität des Angebotes – angesehen", betont Furche. In welchem Umfang der Waldkindergarten im Kita-Bedarfsplan des Landkreises für die Stadt Bramsche berücksichtigt werden kann, werde sich in den nächsten Jahren anhand der Belegung durch Bramscher Kinder ergeben.

Offizielle Eröffnung

Prasselndes Lagerfeuer verbreitete auf einer kleinen Waldlichtung trotz herbstlichen Nieselregens eine heimelige Atmosphäre, als zahlreiche große und kleine Gäste die Eröffnung feierten. Eine lecker duftende dampfende Kürbissuppe, deren Früchte die Kinder auf den Feldern des CSA Hofes selbst frisch geerntet hatten, wurde auf der kleinen Holzveranda des alten Blockhauses ausgeteilt. Die Kinder erlebten mit Spannung, wie das fahrende neue Holzhaus, dessen Aufbau sie selbst auf dem Hof miterlebt hatten, sich in Bewegung setzte. Ein Oldtimerschlepper zog ihr künftiges Domizil, das auf dem Fahrwerk eines alten LKW-Transporters aufgebaut war, im Schneckentempo zu seinem vorläufigen Standort.

Sinnesschulung

Hausherr Tobias Hartkemeyer stellte in seiner Begrüßung das Konzept der Handlungspädagogik vor, das in diesem Kindergartenprojekt verwirklicht werden soll. Die Kinder seien heute zu sehr der Natur und dem praktischen Tun entfremdet. Dabei werde in der aktuellen Forschung zur frühkindlichen Bildung und Entwicklung immer mehr deutlich gemacht, wie wichtig die praktische Sinnesschulung, das konkrete Erleben der Natur, das Erfahren ganz unterschiedlicher Witterung, sowie die Bewegungsentfaltung in der natürlichen Umwelt für die positive kreative Entfaltung unserer Kinder sei.
In der Runde wurden die Mitarbeitenden des Waldkindergartens und der Großtagespflege vorgestellt: Ulrike Lenser, Rosalind Kühnert-Hall, Sarah Kaufmann, Albert Wermes und Andrea von Homeyer. Yussuf und Muhammad, die erst kürzlich nach einer abenteuerlichen traumatisierenden Flucht mit ihren Eltern aus Afghanistan gekommen waren, sprachen aus, welche auch interkulturell heilende Wirkung dieses Konzept auf die beteiligten Kinder haben kann: „Kindergarten ist gut!"

Für Kinder ab drei Jahre

Der Waldkindergarten bietet eine Kinderbetreuung für eine Gruppe von bis zu 15 Kindern im Alter zwischen drei und sechs Jahren. Er ist von 7:30–12:30 Uhr (25 Stunden / Woche) geöffnet. Während der Weihnachtsferien, drei Wochen innerhalb der Sommerschulferien so wie in den Herbst und Osterferien ist die Einrichtung geschlossen. Nach dem Besuch des Waldkindergartens können die Kinder die Großtagespflege vor Ort besuchen.
Die von den Eltern zu zahlenden Gebühren richten sich nach Paragraph 7 der Benutzungs- und Gebührensatzung für die Kindertagesstätten der Gemeinden. Sie hängen von der wirtschaftlichen Leistungsfähigkeit der Sorgeberechtigten unter Berücksichtigung der Zahl ihrer Kinder ab und werden, in Abhängigkeit von der wöchentlichen Betreuungszeit, gestaffelt erhoben.
Die fachliche Betreuung wird von einer Erzieherin (Leitung) und einem Absolventen des Bachelor-Studiengangs Soziale Arbeit gewährleistet. Sie werden zeitweise von Praktikanten unterstützt.

KOCHBUCH

CSA Hof Pente gibt eigenes Kochbuch heraus

Bramscher Nachrichten

Rezepte vom Hof und Informationen zum Anbau enthält das neue Kochbuch des CSA-Hofes Pente. Foto: Heiner Beinke Rezepte vom Hof und Informationen zum Anbau enthält das neue Kochbuch des CSA-Hofes Pente.

Pente. 117 Rezepte auf 184 Seiten enthält das Kochbuch, das Mitglieder des CSA Hof Pente geschrieben haben. Die erste Auflage ist jetzt bei „Books on Demand" erschienen"

Die Autorinnen und Rezeptesammlerinnen Gerda Volkenoff und Sabine Kleimeyer tischen etliche Klassiker der Küche wie Kaiserschmarrn, Bratkartoffeln oder Zwiebelkuchen auf. Von Bebröseltem Fenchel über Mokka-Paprika-Lammtopf bis zum Polenta-Kuchen mit Heidelbeeren enthält das Werk aber auch viele einfallsreiche Rezepte, die in anderen Kochbüchern nicht zu finden sind.

Es zeigt vor allem auch, welche Fülle es an regionalen Gemüse- und Obstsorten gibt und was Hochwertiges und Abwechslungsreiches daraus entstehen kann. Das sind stichhaltige Gründe dafür, dass sich das Anschaffen dieser Rezeptsammlung auch für diejenigen lohnen sollte, die meinen, bereits genug Kochbücher im Küchenregal stehen zu haben.

Im Sommer Rosenkohlauflauf zuzubereiten, ist genau so unsinnig wie im Winter eine sommerliche Gemüsesuppe. Das herauszustellen ist ein weiteres Hauptanliegen der Autorinnen. „Die Kochkunst basiert auf regionalen und saisonalen Sorten", schreiben sie im Vorwort und versprechen denjenigen, die konsequent nur Gemüse der Saison verarbeiten, „zauberhafte Kochkunstergebnisse" und „geschmackliche Höhepunkte des Jahres".

Doch geht es nicht nur um Gemüse. Das Buch enthält auch Rezepte für Fleischesser, wenn auch nur drei: Hackbällchen mediterraner Art mit Fetakäsefüllung, Mokka-Paprika-Lammtopf und den Eintopfklassiker Irish Stew. Diejenigen, deren Philosophie „Fleisch ist mein Gemüse" ist, sollten vielleicht doch besser auf andere Werke der Kochliteratur zurückgreifen. Viel mehr als die Fleischesser kommen dagegen Süßzähne auf ihre

Kosten. Von Dattel-Nuss-Kuchen bis zur Veganen Schokotorte hält das Buch einiges bereit, auch Ausgefallenes oder den meisten Unbekanntes wie zum Beispiel Polentakuchen mit Heidelbeeren.

Und noch zwei weitere besondere Kapitel schließen sich an. In „schnelle Penter Küche" wird es wieder sehr regional. Dieser Abschnitt widmet sich den Rezepten von Julia H. Ihr Schwerpunkt liegt auf Salaten, sowohl winterlichen als auch sommerlichen. Sehr originell auch ihr Gerstenbraten und Kokoskohl.

Das auch optisch sehr ansprechend gestaltete Kochbuch schließt ab mit einem Kapitel über Getränke. Hört sich Trinksirup aus den Zweigen der Duftraute noch exotisch an, so ist Johannisbeer-Likör alltäglicher. Gemeinsam haben beide Rezepte, dass sie nur wenige Zutaten brauchen und einfach umzusetzen sind.

Garniert und gewürzt ist das Buch mit Hintergrundinformationen und Bildern über den CSA-Hof Pente. Sympathisch sind auch die vielen kleinen Exkurse und Erklärungen. So heißt es auf der Seite vor drei Fenchelrezepten: „Beim Fenchel scheiden sich die Geister. Entweder man mag ihn oder man mag ihn nicht. Oder man kennt ihn nicht." Viele kennen Frittata nicht. Schon kommt der Hinweis zum Rezept Frittata Alle Bietole: „Frittata ist die spanische Variante des Omeletts. Frittata werden häufig als Resteverwerter verzehrt."

Das „Kochbuch, geschrieben von Mitgliedern des CSA Hof Pente" ist erschienen bei „Books on Demand" (BoD), ist broschiert und kostet 17 €.

GRÜNE WOCHE

28.01.2016

Bramscher Nachrichten

Penter CSA-Hof präsentiert sich in Berlin

Bio Spitzenkoch Bernd Trum und Julia Hartkemeyer beim Showkochen auf der Grünen Woche.-

Pente. Julia und Tobias Hartkemeyer haben den CSA Hof Pente auf der Grünen Woche in Berlin vorgestellt. Im Rückblick freuen sie sich über großes Interesse an ihrem Konzept der Gemeinschaftsgetragenen Landwirtschaft.

Das Bundeslandwirtschaftsministerium für Ernährung und Landwirtschaft hatte die beiden eingeladen. Auf dem Stand der Bundesanstalt für Landwirtschaft und Ernährung wurde der Bauernhof aus Bramsche als Modell für eine zukunftsfähige Landwirtschaft präsentiert.

Der CSA Hof Pente ist neu in das Netzwerk der Demonstrationsbetriebe Ökologischer Landbau aufgenommen worden. Das Interesse an dem Konzept der Gemeinschaftsgetragenen Landwirtschaft sei groß und in diesem Jahr deshalb ein Schwerpunkt am Stand des „Bundesprogramms Ökologischer Landbau und anderer Formen nachhaltiger Landwirtschaft" (kurz BÖLN) gewesen, erklärt Tobias Hartkemeyer.

Die zwei Tage in Berlin seien „voll angefüllt mit zahlreichen Gesprächen interessierter Bauern" gewesen, die angesichts der Agrarkrise nach einer Alternative suchen. Auch Verbraucher, die sich für eine gemeinschaftsorientierte Landwirtschaft engagieren wollen, hätten den Stand besucht. „Krisenresistente Konzepte auf Augenhöhe" seien sehr gefragt.

Die Hartkemeyers stellten nicht nur das Konzept des Hofes vor, beim Showkochen auf der Bühne mit Julia Hartkemeyer und Bio Spitzenkoch Bernd Trum wurde das Gemüse vom CSA Hof Pente verkostet und mit großem Lob ausgezeichnet. Auch der Agrarausschuss des Deutschen Bundestages war begeistert vom Konzept des Bramscher Betriebes. Die ehemalige Landwirtschaftsministerin Renate Künast, Anton Hofreiter als Fraktionsvorsitzender der Grünen im Bundestag und die Vizepräsidentin des Bundestages, Petra Pau, ließen sich das CSA Konzept ebenfalls vorstellen.

HANDLUNGSPÄDAGOGIK

*Von der Solidarischen Landwirtschaft zur lernenden Gemeinschaft
– Ein Beispiel vom Hof Pente Kolleg*

Es besteht eine gewisse Dringlichkeit für die Entwicklung eines konstruktiveren Umgangs im Miteinander und mit der Erde.

Können wir vor diesem Hintergrund grundlegende Annahmen über Bildung und über Landwirtschaft auch in Frage stellen? In der Theorie gibt es Konzepte für die „Bildung für Nachhaltige Entwick

lung". Doch wo können die notwendigen Kompetenzen sich praxiswirksam entfalten? Karl Valentin macht mit seinem Ausspruch *„Es hat keinen Zweck, Kinder zu erziehen, sie machen uns eh alles nach"* deutlich, dass es nicht um die Erziehung der Kinder zu mehr Nachhaltigkeit geht. Es geht zunächst um die Selbsterziehung der Erwachsenen, die sich um ihre eigene Nachhaltigkeit bemühen. Also geht es um Orte, an denen erwachsene Menschen versuchen, neue und handlungsorientierte Wege im Miteinander, im Wirtschaften und im Umgang mit der Erde schaffen. Die Grundlage für diese neuen Lernorte der Zukunft entsteht heute im Rahmen der Solidarischen Landwirtschaft. Dort gilt es dann, Freiräume für Kinder zu schaffen, in denen sie – in Valentins Worten - die Erwachsenen auch nachahmen können. Durch die Praxis können hier Werte wie die Wertschätzung der Arbeit, die Kultivierung der Erde und der entstehenden Erzeugnisse vermittelt werden. Kinder und Jugendliche, die an solchen von Erwachsenen geschaffenen Handlungsräumen teilhaben, können durch eigene körperliche Anstrengungserfahrung diese Wertschätzung in sich selbst erzeugen, anstatt sie durch lehrende und redende Pädagogik vermittelt zu bekommen. Ein entscheidender Faktor der Tätigkeitsumgebung ist dabei, dass Folgen der eigenen Anstrengung selbst spürbar und unmittelbar erlebbar werden. Hier sind die Zusammenhänge zwischen den Entscheidungen, den kultivierten

Lebensgrundlagen - Boden, Pflanzen und Tiere - und den unbeeinflussbaren Wechselfällen von Wetter und Klima offensichtlich. Der bäuerliche Arbeitsbereich ist vor allem geeignet, neben den praktischen Tätigkeiten die ökologische Tiefe der Lebenszusammenhänge erfahrbar zu machen und ein lebenspraktisches Denken zu entwickeln.

In Finnland werden gerade die Schulfächer abgeschafft, es wird in Projekten gelernt. Warum nicht einen Schritt weitergehen und die Lernanlässe aus dem echten Leben aufnehmen? Eine Solidarische Landwirtschaft bietet vielseitige Lernanlässe, Fragen und Aufgaben für „Projekte", die im echten Leben eingebunden sind und Sinn machen. In der „vollständigen erzieherischen Umgebung" einer landwirtschaftlichen Hofgemeinschaft wirken Erde, Pflanzen, Tiere und Menschen planvoll produktiv zusammen. „Natur" und „Kultur" wachsen wieder zusammen, Erziehung und Landbau ergänzen und befruchten einander. Der Landbau wird zum LebensLernort, zum Begegnungsraum und Aktionsforschungsfeld für gemeinsam kultivierte Ökosysteme und die damit zusammenhängenden, gemeinwohlorientierten Ökosystemökonomien.

Auf dem Hof Pente wird an der Entwicklung der Handlungspädagogik gearbeitet und geforscht. Über zwei Jahre wurde der Hof zum Klassenzimmer für eine Schulklasse, die jede Woche für einen Tag zum Hof kam. Für die Entwicklung der lernenden Gemeinschaft der erwachsenen Menschen wurde nun das „Hof Pente Kolleg" gegründet. Durch verschiedene Formatangebote wird der Hof zum Ort des von – und miteinander Lernens. Die lernende Gemeinschaft im kultivierten Ökosystem bildet die Grundlage für das Lernen der Kinder. Auf dem Hof gibt es neben einer Großtagespflege auch einen eigenen Kindergarten und Lehrlingsausbildung.

150

WEITER GEHT'S!

Herstellung und Verlag:
BoD - Books on Demand, Norderstedt
ISBN 978-3-7431-1632-0